BASIC MASTER SERIES **540**

はじめての Windows11
[第4版]
2025年 24H2 対応

[著] 戸内順一

■本書執筆でのWindows11バージョンについて

本書はWindows11バージョン24H2（正式版）がインストールされたパソコンで執筆および動作確認をしています。パソコンの設定によっては同じ操作をしても画面イメージが異なる場合があります。しかし、機能や操作に相違はありませんので問題なくお読みいただけます。また、Windows11は常に更新されるので、紙面と実際の画面や機能に違いが出る可能性があります。

■本書で使用しているパソコンについて

本書は、インターネットやメールを使うことができるパソコンを想定し手順解説をしています。使用している画面やプログラムの内容は、各メーカーの仕様により一部異なる場合があります。各パソコンの固有の機能については、パソコン付属の取扱説明書をご参考ください。

■注意

(1) 本書は著者が独自に調査した結果を出版したものです。

(2) 本書は内容について万全を期して作成いたしましたが、万一、ご不備な点や誤り、記載漏れなどお気付きの点がありましたら、出版元まで書面にてご連絡ください。

(3) 本書の内容に関して運用した結果の影響については、上記 (2) 項にかかわらず責任を負いかねます。あらかじめご了承ください。

(4) 本書の全部、または一部について、出版元から文書による許諾を得ずに複製することは禁じられています。

(5) 本書で掲載されているサンプル画面は、手順解説することを主目的としたものです。よって、サンプル画面の内容は、編集部で作成したものであり、全て架空のものでありフィクションです。よって、実在する団体・個人および名称とはなんら関係がありません。

(6) 本書の無料特典はご購入者に向けたサービスのため、図書館などの貸し出しサービスをご利用の場合は、無料の電子書籍や問い合わせはご利用いただけません。

(7) 本書籍の記載内容に関するお問い合わせやご質問などは、秀和システムサービスセンターにて受け付けておりますが、本書の奥付に記載された初版発行日から2年を経過した場合または掲載した製品やサービスの提供会社がサポートを終了した場合は、お答えいたしかねますので、予めご了承ください。

(8) 商標
Bing、Internet Explorer11、Microsoft Edge、Microsoft Surface、Skype、Microsoft、Windows、Windows11、10、8.1、8、7は米国Microsoft Corporationの米国およびその他の国における登録商標または商標です。
その他、CPU、ソフト名、企業名、サービス名は一般に各メーカー・企業の商標または登録商標です。
なお、本文中ではTMおよび®マークは明記していません。
書籍の中では通称またはその他の名称で表記していることがあります。ご了承ください。

はじめに

　2021年10月にWindows10からの後継OSであるWindows11がリリースされました。その後、年1回の大型アップデートである22H2、23H2がリリースされました。そして2024年10月には3回目の大型アップデート24H2がリリースされました。

　本書は最新の大型アップデートである24H2に準拠しています。なお、Windows11は年1回の大型アップデート以外にも随時更新をする方針なので、本書と貴方のWindows11 24H2では異なる点があるかもしれないことにご留意ください。

　24H2ではCopilotが大きく変わりました。Copilotは、OSに組み込まれていたのですが、24H2になってアプリとして独立しました。その結果、以前はWindowsの操作の一部をおこなうことも可能だったのですが、一切、操作はできなくなりました。ヘルプのように手順を示すだけになりました。

　Copilotでは残念な結果になったのですが、以下のような機能も追加されました。

・より高速なWi-Fi7に対応した
・クイック設定がスクロール可能になった
・ファイルの圧縮方式として、従来のZIPに加え、［7z］［TAR］が追加された
・エクスプローラーでファイルを右クリックしたときに表示されるメニューで、上に表示されるアイコンに説明が追加された
・［コルタナ］［ワードパッド］［ピープル］などの一部のアプリが削除された
・Windowsターミナルで「sudo」コマンドが実装された
・エクスプローラーでタブの複製が可能になった

　本書は初心者向けなので、Windows11の機能をすべて紹介しているわけではありません。重要な機能のみ解説しています、本書が、Windows11を活用する上で皆様の一助となれば幸いです。

2024年12月

戸内順一

本書の使い方

- 本書では、はじめてWindowsパソコンを使う方や、今まで従来のWindowsを使ってきた方を対象に、Windows11の基本的な操作方法から、ビジネスやホビーなどに役立つ便利な機能や操作方法まで、丁寧に手順の解説をしています。特に、最初の選択から完了まで、一連の流れを簡潔な操作手順および詳しくて丁寧な解説文で説明しているので、使い慣れた方は要点だけを、はじめての方は詳細な解説まで、スキルに合わせて読み進めることができます。
- Windows11の機能の中でよく使われる機能はもれなく解説しているので、本書さえあればWindows11の主要な機能が使いこなせるようになります。特に便利な機能や時短、効率アップに役立つ操作を豊富なコラムで解説しており、Windows11をより深く理解できるようになっています。
- OneDriveにも完全対応しているので、クラウド環境での操作方法も迷うことはありません。

紙面の構成

大きい図版で見やすい
手順を進めていく上で迷わないように、できるだけ大きな図版を掲載しています。また、図版同士のつながりを矢印で示しているので、次の手順が一目でわかります。

丁寧な手順解説
図版だけの手順説明ではわかりにくいため、図版の右側に、丁寧な解説テキストを掲載し、図版とテキストが連動することで、より理解が深まるようになっています。逆引き用としても使えます。

SECTION 8 キーワード ▶ マウス／更新／シャットダウン

Windows11を終了する

Windows11を終了させるには、[スタート] ボタンをクリックし、表示されたスタートメニューの中の [電源] ボタンをクリックします。あとは自動でWindows11が終了します。また、「Windows Update」などで再起動を行うときも [電源] ボタンを使います。

シャットダウンを選んで終了する

手順1
1. マウスカーソルを [スタート] ボタンの上に移動
2. マウスカーソルが [スタート] ボタンに重なったらマウスの左ボタンをクリック

手順1 [スタート] ボタン上でクリックする
マウスカーソルを [スタート] ボタン上でクリックします。

メモ マウス
デスクトップ上のマウスカーソルを動かしてアイコンを選択するときに使う装置で、上部左右2つのボタンと中央に1つのホイールを備える製品が一般的です。さまざまな形状や色などの製品があります。

手順2
1. マウスカーソルを [電源] ボタンの上に移動
2. マウスカーソルが [電源] ボタンに重なったらマウスの左ボタンをクリック

手順2 スタートメニューの [電源] ボタン上で左クリックする
スタートメニューが表示されるので、[電源] ボタンを左クリックする。

便利技 スリープと再起動
電源のメニューに表示される「スリープ」とは、必要最低限の機能だけを残した待機状態にすることです。「再起動」は、電源を切ってから起動することです。

本書で学ぶための3ステップ

ステップ1：操作手順全体の流れを見る
本書は大きな図版を使用しており、一目で手順の流れがイメージできるようになっています。

ステップ2：解説のとおりにやってみる
本書は、知識ゼロからでも操作がマスターできるように、手順番号のとおりに迷わず進めていけます。

ステップ3：逆引き事典として活用する
ひととおり操作手順を覚えたら、デスクのかたわらに置いて、やりたい操作を調べるときに活用できます。また、豊富なコラムが、レベルアップに大いに役立ちます。

豊富なコラムが役に立つ
手順を解説していく上で、補助的な解説や、時短が可能な操作、より高度な手順、注意すべき事項などをコラムにしています。コラムがあることで、理解が深まることは間違いありません

コラムの種類は全部で5種類

補助的な解説をしています。知っておくとためになる事項などをシンプルに説明しています

「これを知っておけばビジネスなどに役立つ」ノウハウを中心に、多角的な内容の解説です

ミスをしないためのポイントとなることや、勘違いしやすい注意点などを解説しています

いつも仕事が驚きの時短になるノウハウを中心に、効率アップ術も網羅しています

意外に知らない操作方法や、一度覚えると使いこなしたくなる高度なテクニックの解説です

CONTENTS

目次

はじめに ……………………………………………………………… 3

本書の使い方 ……………………………………………………… 4

Windows 11の新機能 ………………………………………… 17

ダウンロードの手引き …………………………………………… 19

パソコンの基本操作を確認しよう ………………………………… 20

書籍内容へのお問い合わせ方法 ………………………………… 26

1章　Windows11を使ってみよう　　27

1　「Windows」って何だ？ ……………………………………… 28
- Windowsはパソコンを動かす基本ソフトのこと
- Windowsって、そもそも何をしているの？
- なんで、Windowsは新しくなるの？

2　今までのWindowsと何が違う？ ………………………… 30
- AIチャットのCopilotが手助けをしてくれる

3　Microsoftアカウントって何ですか？ ………………… 31
- アカウントを聞いてきたら
- Microsoftアカウントを使うと便利なこと
- ローカルアカウントはダメなの？

4　Windows11が動くパソコンの性能とは ……………… 33
- Windows11のシステム要件

5　Windows11で変更された機能とは ……………………… 34
- Windows11でどう変わったか
- Windows11バージョン23H2で変わったこと
- Windows11バージョン24H2で変わったこと

6　Windows11のセットアップ ………………………………… 36
- セットアップ作業を行う

7　Windows11を動かしてみる ………………………………… 42
- Windows11を起動する

8　Windows11を終了する ……………………………………… 44
- シャットダウンを選んで終了する

9　覚えておきたいWindows画面の名称と機能 ………… 46
- デスクトップ画面

10 ディスプレイを見やすく変更する ……………………………………… **48**
- ディスプレイの解像度を変更する

11 デスクトップの背景を変更する ……………………………………… **50**
- デスクトップの背景を変更する

Windows10ユーザーのWindows11無料アップグレード ……………………… **52**

2章　スタートメニューから覚えるWindows11　53

12 スタートメニューを表示する ……………………………………… **54**
- ［スタート］ボタンから始まる

13 スタートメニューの名称と機能を知る ……………………………… **56**
- スタートメニューの画面

14 スタートメニューのアプリ一覧を表示する ………………………… **58**
- すべてのアプリを表示する

15 アプリをスタートメニューにピン留めする ………………………… **60**
- 頻繁に使うアプリをピン留めする
- アプリのピン留めを外す

16 ショートカットをデスクトップに表示する ………………………… **62**
- アプリのショートカットをデスクトップに作る
- ショートカットアイコンを削除する

17 スタートメニューにフォルダーをピン留めする …………………… **64**
- フォルダーをピン留めする

18 スタートメニューにフォルダーを作る ……………………………… **66**
- フォルダーを作成する
- フォルダーの名前を変更する

19 タスクバーを使いやすく設定する …………………………………… **68**
- タスクバーのアイコンを左揃えにする
- 使用頻度の低いアイコンの表示をオフにする

3章　Windows11のアプリを起動して使ってみよう　71

20 Microsoft Storeからアプリを購入する ………………………… **72**
- ストアアプリを購入する

7

21 アプリを起動／終了する **74**
- スタートメニューからアプリを起動する
- アプリを終了する

22 アプリ一覧からアプリを起動する **76**
- メディアプレーヤーを起動する

23 不要なストアアプリを消すことができるアンインストール **78**
- 不要なストアアプリをパソコンから消す

24 デスクトップアプリをパソコンから消す **80**
- デスクトップアプリをアンインストールする

25 アプリをスナップレイアウトで整列させる① **82**
- 3つのウィンドウを整列させる

26 アプリをスナップレイアウトで整列させる② **84**
- レイアウトバーで3つのウィンドウを整列させる

27 アプリをすぐに使えるようにする **86**
- アプリをタスクバーにピン留めする

28 音声入力で文字を入力する **88**
- メモ帳に音声で文字を入力する

29 日本語を入力する **90**
- IMEを有効にする
- 日本語を入力する
- 少し長い文を入力する
- カタカナや英字を入力する

30 メモ帳で作成した文書を保存する **96**
- ニュースをファイルとして保存する

31 いろいろな設定を行う **98**
- コントロールパネルを起動する
- 設定画面を使ってみよう

4章 Copilot in Windows を使ってみよう　　101

32 Copilot in Windows の特徴 **102**
- Windows11の操作手順を知る
- 日本語などの自然言語による情報検索ができる
- 画像を生成できる
- 画像で検索できる
- Copilotの起動
- Copilotの終了

8

33 Copilotで Windowsの操作方法を知る 104
- Copilot in Windows を起動する

34 Copilotで情報を検索する 106
- YOASOBIの新曲について聞く

35 画像を生成する 108
- 空飛ぶ猫を描く

36 メールの挨拶文を書く 110
- メールの挨拶文を知る

5章 エクスプローラーを使ってファイル操作を覚えよう 111

37 ファイルを操作してみる 112
- エクスプローラーの使い方
- エクスプローラー画面の見方

38 接続中の装置を確かめる 114
- パソコンのファイルやフォルダーを見る

39 見やすいファイル表示に変更する 116
- ファイルの拡張子を表示する
- 一目でファイルの内容がわかる表示にする

40 別のフォルダーに移動する 118
- 方向ボタンを使って移動する
- アドレスバーを使って移動する

41 新しいフォルダーを作成する 120
- 新しいフォルダーを作ってみる

42 ファイルやフォルダーを選択する 122
- 複数のファイルを個別に選択する
- 連続した複数のファイルを一気に選択する

43 不要なファイルやフォルダーを削除する 124
- ファイルを削除する
- ファイルを完全に削除する

44 削除したファイルを元に戻すには 126
- 間違って削除したファイルを元の場所に戻す

45 ファイルやフォルダーの移動やコピーをする 128
- ファイルを移動する

9

46 ファイルやフォルダーの名前を変更する 130
- ● ファイル名を変更する

47 複数のエクスプローラーを同時に表示する 132
- ● 複数のエクスプローラーを表示する
- ● タブを削除する

48 ファイルを検索する 134
- ● フォルダー内を検索する

49 ファイルを圧縮して1つにまとめる 136
- ● 複数のファイルを1つに圧縮する
- ● ZIPファイルの内容を確認する
- ● 圧縮ファイルを展開してみよう

50 ライブラリの内容を表示する 140
- ● とても便利なライブラリを活用する
- ● ライブラリを表示する
- ● ライブラリの内容を表示する

51 ライブラリにフォルダーを追加する 144
- ● ピクチャライブラリに自分用のフォルダーを追加する

52 ライブラリの保存場所を変更する 146
- ● 「既定の保存場所」を変える

6章　インターネットを楽しもう　　　147

53 インターネットで何ができるのか？ 148
- ● インターネットでできること
- ● Webページを閲覧する
- ● メールの送受信とは
- ● その他

54 インターネットに接続する 150
- ● インターネットとの接続
- ● FTTH（光ファイバー）接続とは
- ● CATV接続
- ● モバイルを使った接続
- ● 用語解説

55 Edgeでインターネットを見る 152
- ● 標準ブラウザーのEdgeを使ってみる
- ● Edgeを終了する

56 Edgeの画面の見方 **154**
- Edge画面の各部の名称と機能

57 インターネットのWebページを見る **156**
- URLを入力してWebページを表示する
- 画面をスクロールして隠れた部分を見る

58 複数のWebページを同時に開く **158**
- 複数のWebページを開く
- タブでWeb画面の表示を切り替える

59 過去に訪れたWebページを再訪問する **160**
- Webページのリンクをたどって進む
- Webページを戻る／進む

60 前に訪れたWebページを履歴から再訪問する **162**
- 履歴を使って前に閲覧したページに戻る

61 Webページを「お気に入り」に登録する **164**
- よく訪れるページを「お気に入り」に登録する

62 お気に入りに登録したページを訪問する **166**
- 「お気に入り」の一覧を表示する
- 目的のお気に入りページを表示する

63 検索エンジンを変更する **168**
- 検索エンジンをGoogleに変更する

64 Webページを検索する **170**
- GoogleでWebページを検索する

65 Webページの文字を拡大・縮小してみる **172**
- Webページの文字を大きく（小さく）してみる

66 Webページを印刷する **174**
- Webページの内容をプリンターで印刷する

67 起動時に表示されるページを設定する **176**
- スタートページを好きなページに変更する

68 検索機能を使ってWebページ内を検索する **178**
- Webページ内のテキストを検索する

69 拡張機能をインストールして強化する **180**
- 拡張機能を追加する

70 クローム用拡張機能を追加する **182**
- Google翻訳をインストールする

71 PDFファイルを閲覧、編集する ————————————— 184
- Edgeの画面でPDFを閲覧する
- PDFファイルを編集してハイライトを付ける

72 Webページをグループ分けする ————————————— 186
- Webページをグループ分けする

7章　メールを使ってみよう　187

73 Outlookを起動する ————————————————————— 188
- Outlookを起動する

74 メールを送信する ————————————————————— 190
- メールを送信する

75 メールを返信する ————————————————————— 192
- 返信メールを送信する

76 ファイルを添付してメールを送信する —————————— 194
- ファイルを添付してメールを送信する

77 署名を入力する ————————————————————— 196
- 署名を登録する
- メールに署名を挿入する

78 メールを検索する ————————————————————— 198
- 全フォルダーを検索する
- 受信トレイのみ検索する

79 メールアカウントを追加する ————————————— 200
- メールアカウントを追加する

80 不要なメールを削除する ————————————————— 202
- メールを削除する

8章　パソコンの安全性を高めよう　203

81 インターネットからパソコンを守ろう ————————— 204
- ファイアウォールの設定をする

82 ウイルスやスパイウェアからパソコンを守る ————— 206
- ウイルスやスパイウェアを検出する

83 調子が悪いパソコンを元に戻す ⋯⋯⋯⋯⋯⋯⋯⋯⋯⋯ **208**
- Windows11のシステムを復元する

84 重要なファイルをバックアップする ⋯⋯⋯⋯⋯⋯⋯⋯⋯⋯ **210**
- 重要なファイルをバックアップする
- バックアップからファイルを復元する

85 突然表示される確認ボックスに対応する ⋯⋯⋯⋯⋯⋯⋯ **212**
- ユーザーアカウント制御のレベルを変更する

86 起動しないときに使う回復ドライブを作る ⋯⋯⋯⋯⋯ **214**
- 自分用の回復ドライブを作る

87 Windows Updateで最新状態にする ⋯⋯⋯⋯⋯⋯⋯⋯ **216**
- 今すぐWindows11を最新版にする
- アクティブ時間を変更する

9章 Windows11で音楽を楽しもう   219

88 Windows Media Player Legacyを使ってみる ⋯⋯⋯⋯ **220**
- Windows Media Player Legacyを起動する

89 音楽CDを再生する ⋯⋯⋯⋯⋯⋯⋯⋯⋯⋯⋯⋯⋯⋯⋯ **222**
- 音楽CDを再生する

90 音楽CDの曲をパソコンに取り込む ⋯⋯⋯⋯⋯⋯⋯⋯⋯ **224**
- 音楽データをパソコンに取り込む

91 音楽ライブラリの音楽を再生する ⋯⋯⋯⋯⋯⋯⋯⋯⋯ **226**
- 音楽ライブラリを再生する

92 音楽CDを作成する ⋯⋯⋯⋯⋯⋯⋯⋯⋯⋯⋯⋯⋯⋯⋯ **228**
- 音楽をハードディスクからCDにコピーする

93 ポータブルデバイスに音楽を転送する ⋯⋯⋯⋯⋯⋯⋯ **230**
- 音楽をポータブルデバイスに転送する

94 音楽を再生する ⋯⋯⋯⋯⋯⋯⋯⋯⋯⋯⋯⋯⋯⋯⋯⋯⋯ **232**
- 楽曲をメディアプレーヤーアプリで再生する

95 iPhoneユーザーならiTunesを起動する ⋯⋯⋯⋯⋯⋯ **234**
- iTunesを使ってみる

10章 フォトアプリ 235

96 フォトアプリを起動する／終了する ⸺⸺ 236
- フォトアプリを起動する
- フォトアプリを終了する

97 写真を大きく表示する ⸺⸺⸺⸺⸺⸺ 238
- 写真を大きく表示する

98 不要な写真を削除する ⸺⸺⸺⸺⸺⸺ 240
- 写真を削除する

99 写真を編集する ⸺⸺⸺⸺⸺⸺⸺⸺ 242
- 写真の明るさを補正する

100 写真をプリンターで印刷する ⸺⸺⸺⸺ 244
- 写真を印刷する

101 ビデオを再生する ⸺⸺⸺⸺⸺⸺⸺⸺ 246
- ビデオを再生する

11章 Windows11のクラウドサービスを活用しよう 247

102 クラウドサービスのOneDriveを使う ⸺⸺ 248
- OneDriveを使ってみよう

103 OneDriveとPCのデータを同期する ⸺⸺ 250
- ドキュメントフォルダーの同期を解除する

104 ファイルオンデマンド機能を有効にする ⸺ 252
- ファイルオンデマンド機能を使う
- ファイルの状態を示す3種類のマークを覚えよう

105 OneDriveへファイルをアップロードする／削除する ⸺ 254
- ファイルをアップロードする
- OneDrive内のファイルを削除する

106 OneDriveを共有する ⸺⸺⸺⸺⸺⸺ 256
- 送信側の処理
- 受信側の処理

107 OneDriveをオンラインで表示する ⸺⸺ 258
- オンライン表示を使う

12章　Windows11の便利な機能を使ってみよう　259

108　クリップボードでコピペを便利に 　260
- クリップボードにコピーする
- クリップボードから貼り付ける

109　パソコン画面をキャプチャー（スクショ）する 　262
- パソコン画面のスクリーンショットを撮る

110　付箋をデスクトップに貼り付ける 　264
- Windows11の付箋を使ってみよう

111　複数のデスクトップを表示する 　266
- 仕事用とは別の仮想デスクトップを作る
- 画面に表示されるデスクトップを切り替える
- 使わないデスクトップを削除する
- アプリを別のデスクトップに移動する

112　サインインに使うPINを変更する 　270
- PINを変更する

113　生体認証でサインインする 　272
- 顔認証用に顔を登録する
- 指紋認証用に指紋を登録する

114　ウィジェットでニュースや天気予報などを表示する 　276
- ウィジェットを表示する
- ウィジェットを追加する

115　タスクマネージャーを活用する 　278
- アプリを強制終了する

116　Windows11のSモードをオフにする 　280
- Sモードを解除してみる

117　Clipchampで動画を編集する 　282
- Clipchampを起動する
- 動画を編集する

118　スマートフォンとの連携 　286
- パソコンでの処理
- Androidスマホでの処理
- 連携を解除する（パソコンでの処理）
- スマートフォンの写真をパソコンで表示する
- SMSメッセージを表示する
- パソコンから電話をかける

13章 チャットやビデオ会議を使ってみよう 297

119 Windows11とMicrosoft Teamsの関係 298
- Teams が Windows に統合された
- Teams に必要な機器
- チャットとは
- ビデオ（テレビ）会議とは

120 チャットを使ってみよう 300
- チャットをする

121 ビデオ会議をすぐ始める 302
- ビデオ会議を始める
- 招待メールを受けた相手側の操作
- 会議を開くホストの操作

122 予定を立ててから会議を始める 306
- 会議の予定を立てる

ローマ字入力かな対応表 308
手順項目索引 310
索引 314
推奨PC・スマートフォン 319

Windows11の新機能

　最新のWindows11は、「使いやすいのか？」、「Windows10とは何が違うのか？」、そして「どこが便利で使いやすくなったのか？」と、これから使うWindows11への興味は尽きないと思います。

　すでにWindows11のユーザーであれば、大型アップデートでの変更も気になると思います。そこで、Windows11の代表的機能やアップデートでの変更を紹介します。

1 Copilot in Windowsが導入された

　Windows11の大型アップデート（23H2、24H2）にともなって、Copilot in Windowsが導入されました。
　Copilot in Windowsは、OpenAIが開発したChatGPTをベースとする対話型インターフェイス機能で、さまざまな特徴があります。Copilotの特徴は、何といっても自然言語でWindowsと対話できることです。また、ChatGPTのような情報検索や文章の要約、翻訳などの機能も備えています。

タスクバーにあるCopilotボタンをクリックすると…

Copilot画面が表示される

詳しくは4章を見てください

　なお、24H2となって、Copilotは独立したアプリとなりました。削除も可能です。
　23H2ではWindowsの一部の操作はできましたが、24H2ではWindowsの操作は一切できなくなりました。

17

2 大型バージョンアップ24H2で何が変わった？

・スタートメニューからアイコンをドラッグしてタスクバーにピン止めできるようになりました。

・エクスプローラーでタブの複製が可能になりました。ファイルの整理などで元のフォルダをもう1つ複製して並べられるので便利です。

・デスクトップ壁紙の標準設定が [Windowsスポットライト] に変更されました。これにより、定期的に壁紙が変更されるようになりました。ただし以前の設定を引き継いだ場合は、この限りではありません。

・タスクバーのアイコンを右クリックしてタスクを終了させることができるようになりました。(※ [設定] の [システム] にある [開発者向け] で [タスクの終了] をオンにする必要があります)

・クイック設定画面がスクロール可能になりました。これにより複数のアイコンを切り替えて使えるようになりました。また、[省エネ機能] などの新しいアイコンが追加されました。

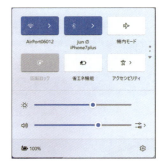

・ファイルの圧縮方式として、従来のZIPに加え、[7z][TAR] が追加されました。

ダウンロードの手引き

● YouTubeで『はじめてのWindows11』の動画を見たい人は…

- インターネットに接続してhttps://www.youtube.com/channel/UCvaei3ZnEKkULdOGlf-f_6g にアクセスしてください。
  またはこのページのQRコードから アクセスしてください。

- 『はじめてのWindows 11［第4版］』 の動画をお楽しみください。

● 無料電子書籍が欲しい人は…

- インターネットに接続して https://www.shuwasystem.co.jp/ にアクセスします。

- 画面の下までスクロールして「サポート」をクリックします。

- 『はじめてのWindows 11［第4版］』 のサポート情報（9784798074016） を探してクリックします。

- 画面の手順に従って必要な電子書籍を ダウンロードしてください。

電子書籍のご注意

ダウンロードしていただいた無料付録の電子書籍は「暗号化ZIPファイル」です。参照するには、解除コードとして本書カバーに記載された3桁のシリーズ番号が必要になります。シリーズ番号は、「BASIC MASTER SERIES ***」の***の部分に表示されている数字です。

19

パソコンの基本操作を確認しよう

はじめに、お使いのパソコン（PC）がどのタイプに当たるか確認してください。機能的に変わりはありませんが、デスクトップ型の場合は「マウス＋キーボード」、ノート型の場合は「トラックパッド＋キーボード」または「スティック＋キーボード」、マウスを接続すれば「マウス＋キーボード」で操作します。タブレット型や一部のノート型ではタッチパネルで操作する機種もあります（タッチパネルの操作はp.22を参照）。

●マウス／トラックパッド／スティックの操作

■ マウスカーソル

画面上の矢印をマウスカーソル（マウスポインタ）といいます。マウスなどの動きに合わせて、画面上で移動します。

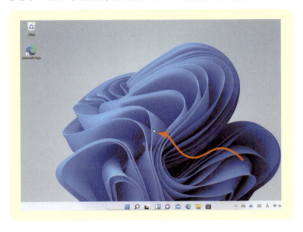

■ マウス

軽く握るような感じでマウスの上に手のひらを置き、前後左右に動かします。

■ トラックパッド

マウスカーソルを移動させたいほうへ、パッド部分を指でなぞります。タッチパッドともいいます。

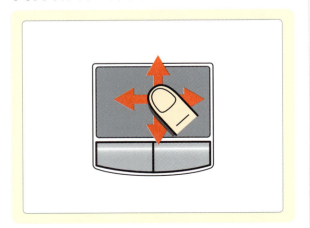

■ スティック

こねるようにスティックを押したほうへ、マウスカーソルが移動します。

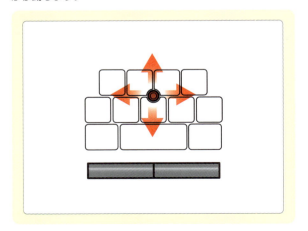

■ ポイント

目標物の上（前面）にマウスカーソルを乗せることを「ポイント」といいます。

■ クリック

マウスの左ボタンをカチッと1回押すことを「クリック」といいます。

■ ダブルクリック

マウスの左ボタンを素早くカチカチッと2回押すことを「ダブルクリック」といいます。

■ 右クリック

マウスの右ボタンをカチッと1回押すことを「右クリック」といいます。

■ ドラッグ

マウスのボタンを押したままの状態でマウスを動かすことを「ドラッグ」といいます。

■ ドラッグ&ドロップ

マウスのボタンを押したままの状態でマウスを動かし、目的の位置でボタンを離すことを「ドラッグ&ドロップ」といいます。

● タッチパネルの操作（手を使ったタッチ操作）

• タップ

▲画面を軽くたたく。タップするとタップした項目が開く。マウスのクリックに相当。

• ダブルタップ

▲画面を連続してタップする。マウスのダブルクリックに相当。

• フリック

▲画面を指で払う。フリックした方向に画面がスクロール。

• プレス&ホールド（長押し）

▲指を押し付けて1、2秒間そのままにする。マウスの右クリックに相当。

22

●Windowsで使うキーボードと主なキー

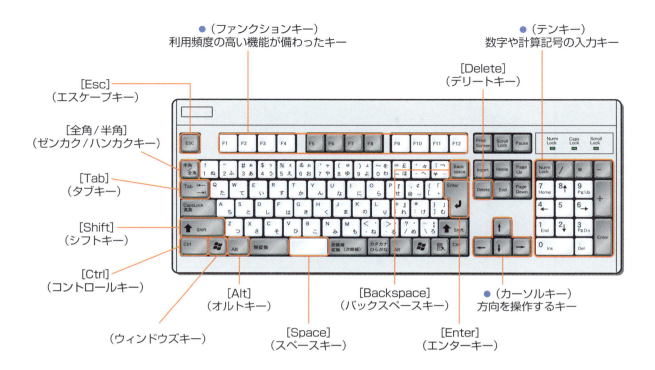

●Windows IMEの日本語入力

キーボードの[全角/半角]キーで、全角の日本語と半角の英数字が切り替わります。タスクトレイのIMEインジケーターが[あ]なら、全角の日本語が入力できます。[A]なら半角の英数字です。IMEインジケーターをマウスでクリックすれば、半角のカナや全角カタカナも選べます。

キーボードの[全角/半角]キーを押して、タスクトレイのIMEインジケーターを「**あ**」にします

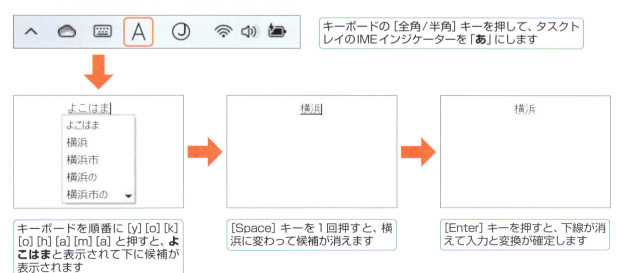

キーボードを順番に[y][o][k][o][h][a][m][a]と押すと、**よこはま**と表示されて下に候補が表示されます

[Space]キーを1回押すと、横浜に変わって候補が消えます

[Enter]キーを押すと、下線が消えて入力と変換が確定します

●パソコンの画面各部の名称

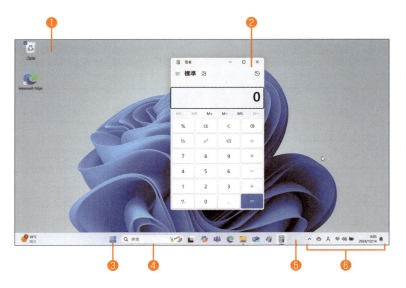

❶ **デスクトップ**
パソコンの作業画面です。
❷ **ウィンドウ**
ソフト（アプリ）の画面です。
❸ **[スタート] ボタン**
ソフトの起動などを行う「スタートメニュー」を表示します。
❹ **WebとWindowsを検索**
パソコン内のソフトやファイル、インターネット上のWebページを検索します。
❺ **タスクバー**
ピン留めされたソフトや起動中のソフトのアイコンが表示されます。
❻ **通知領域**
時刻や無線LANの接続状態などの情報が表示されます。

■ スタートメニュー

❶ **ピン留め済みアプリ**
最近何度も起動したソフトが表示され、クリックして起動できます。
❷ **電源**
電源メニューを表示します。
❸ **すべて**
パソコンにインストールされているすべてのソフトを名前順に表示します。

● ウィンドウの基本操作

■ ウィンドウ各部の名称

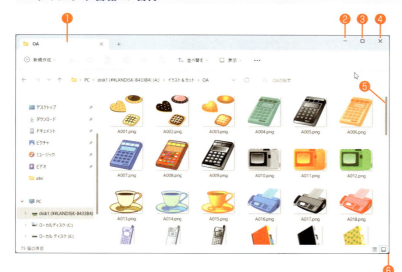

❶ **タイトルバー**
タブの名称が表示され、ドラッグするとタブを移動できます。

❷ **最小化**
ウィンドウをデスクトップから隠します。再表示したいときは、タスクバーのアイコンをクリックします。

❸ **最大化**
ウィンドウをデスクトップ全体に広げます。

❹ **閉じる**
ウィンドウを閉じます。

❺ **スクロールバー**
ウィンドウの内容が収まりきらないときに、ドラッグして表示範囲をずらします。

❻ **ウィンドウの枠**
ドラッグしてウィンドウのサイズを変更します。

■ ウィンドウの最大化表示

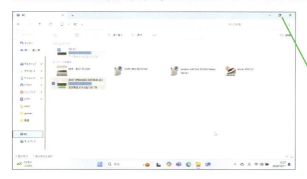

最大化したウィンドウはデスクトップいっぱいに広がります

元に戻す（縮小）をクリックすると、元のサイズに戻ります

■ 複数のウィンドウの切り替え

裏にあるウィンドウのどこかをクリックすると、最前面に表示できます

タスクバーのアイコンをクリックして、ウィンドウを切り替えることもできます

25

書籍内容へのお問い合わせ方法

　本書に記載された手順に従って操作をして紙面と結果が異なる場合や、紙面と同じ操作ができない場合は、下記の内容を記載して問い合わせフォーム、電子メール、FAX、郵便でお問い合わせください。

●お問い合わせに必要な項目

①書籍名の明記
　必ず『はじめてのWindows11［第4版］2025年 24H2対応』と明記してください。
②該当ページの明記
　疑問のある該当ページと手順を明示してください。該当ページの記載がないと、記述外質問ということで回答できない場合があります。
③使用環境の明示
　お客様のパソコン固有の使用環境が原因である場合があり、問題の状況を特定するために、Windows11のHomeやProなどのエディションも正確に明示してください。また、パソコンの構成なども可能なら明示していただけると、原因の特定が早まります。
④状況情報
　何ページのどの手順で操作ができなくなるのか、また、エラーが起こる場合は、表示されるメッセージも正確にお知らせください。

●問い合わせフォームからの記入例

●問い合わせ先

弊社Webページにも問い合わせのフォームがあるのでご利用ください。
【URL】https://www.shuwasystem.co.jp/

秀和システムサービスセンター宛
　住所　　〒135-0016 東京都江東区東陽2-4-2　新宮ビル2F
　　　　　株式会社秀和システム
　FAX　　03-6264-3094
　電子メール　s-info@shuwasystem.co.jp

1章

Windows11を使ってみよう

この章では、パソコンを動かす基本ソフトである
WindowsとWindows11に関する基本事項について解説
します。
Windowsの役割やWindows11で搭載されたAIチャッ
ト「Copilot in Windows」のこと、Microsoftアカウント
とは何か、Windows11を動かすためのハードウェアの条
件、変更された機能と新バージョン24H2で追加された機
能、Windows11のセットアップ方法からWindows11
の画面の見方、デスクトップの背景の変更方法などを解説
します。

SECTION 1

キーワード ▶ OS／安全性／使いやすさ

「Windows」って何だ？

WindowsとはMicrosoft製の「OS」（Operating System）の名前です。OSはパソコンを動かす基本ソフトであるためWindowsで動くから「Windowsパソコン」と呼びます。Windows11は2021年に登場した最新のWindowsです。

Windowsはパソコンを動かす基本ソフトのこと

パソコンというと、筐体であるハードウェアのことだと思ってしまいますが、「ハードウェア」に「ソフトウェア」が備わってはじめてパソコンとなります。ハードウェアがCPUやメモリなど複数の機能部品で構成されているように、ソフトウェアも「OS」と呼ばれる「Operating System」（オペレーティングシステム）および「アプリ」と呼ばれるアプリケーションソフトウェアで構成されています。

パソコンを動かす基本ソフトウェアであるOSには、WindowsのほかにもAppleの「macOS」やGoogleの「ChromeOS」などがあり、これらのOSがハードウェアとアプリを管理してユーザーに使いやすい環境を提供してくれます。パソコン用OSの中で圧倒的に多く使われているのがWindowsです。

いろいろなOSがあるのに「なぜ、Windowsが選ばれるのか？」と疑問に思う人も多いと思います。理由は単純で、アプリの種類が豊富だからです。必要なアプリが使えないOSでは意味がないため、アプリを自由に選べるOSが広く使われるのです。

なぜ、パソコンのOSはWindowsなんですか？

多くのアプリケーションが動くからです

Windowsって、そもそも何をしているの？

すでにパソコンをお使いの方でしたら、いろいろなアプリを使っていると思います。例えば、表計算のExcelやWebブラウザー、メールなどです。そうすると、Excelは使っているけどWindowsは意識しないかもしれません。
実はアプリはWindowsに助けてもらいながら動作しています。例えば、マウスの動きやキーボード入力の有無、ネットワークとの通信などをWindowsがコントロールして、必要な情報を各アプリに伝え、処理の順番を仕切るのがWindowsの役目です。そのため、ユーザーにはWindowsが何をしているのかわかりにくいかもしれません。

なんで、Windowsは新しくなるの？

現在のパソコンニーズに合わせて全面的に作り直したのがWindows11です。デスクトップのデザイン、チャットやビデオ通話の強化など最近のユーザーニーズに対応しただけでなく、見えない面ですが「TPM2.0」（暗号のハードウェア化）と「Secure Boot」が必須となるなど、セキュリティが強化されています。そのため、ネットワークに接続するパソコンにはWindows11が最適だといえます。

SECTION ▶キーワード ▶バージョンアップ／スタートメニュー／パソコン

2 今までのWindowsと何が違う？

1985年のWindows1.0登場から定期的に「バージョンアップ」といって大きな機能改善とユーザーインターフェイスの改良を行ってきました。今回はWindows11にAIチャット機能であるCopilot in Windows（コパイロット イン ウィンドウズ）が搭載されました。

AIチャットのCopilotが手助けをしてくれる

Windows11の新バージョンになって一番の変更点は、Copilot in Windowsが導入されたことです。Copilotは副操縦士という意味ですが、文字通り機長である読者を支える機能です。たとえば、「画面をダークモードにするには」と質問すれば、ダークモードにする手順を示してくれます。それだけでなく、ChatGPTのようにあらゆる分野に関する質問にも回答してくれます。調べものをしたり、長文を要約したり、外国語の文章を翻訳したりすることもできます。

そのほか、画像を生成する機能もあります。現実的な絵だけでなく「空飛ぶ猫を描いて」と言えば、空飛ぶ猫を描いてくれます（SECTION35）。詳しくは4章を参照してください。

SECTION ▶キーワード ▶Microsoftアカウント／OneDrive／ローカルアカウント

3 Microsoftアカウントって何ですか？

「Microsoftアカウント」とは、Microsoft社が提供するクラウド環境などのサービスを利用するために必要なアカウントです。例えば、クラウドストレージサービスの「OneDrive」を使うときのユーザー名とパスワードがMicrosoftアカウントです。

アカウントを聞いてきたら

Microsoftアカウントは、Windows11のセットアップ中に無料で簡単に作ることができます。また、これまでにクラウドサービスの「OneDrive」やWebメールサービスの「Outlook.com」、コミュニケーションサービスの「Skype」、サブスクリプションの「Microsoft 365」などを使うときに作成したメールアドレスでドメインが、「@outlook.com」「@outlook.jp」「@hotmail.com」「@hotmail.jp」「@live.com」「@live.jp」「@msn.com」のメールアドレスは、Microsoftアカウントとして使えます。
Microsoftアカウントを持っていなくても問題はありません。Microsoftアカウントはいつでも無料で簡単に作成できます。

Microsoftアカウントを使うと便利なこと

MicrosoftアカウントでWindows11にサインインすると、OneDriveやMicrosoft StoreなどのMicrosoft提供のサービスが、追加の操作なしに利用できます。また、「Office Online」といって、Webブラウザー上でWordやExcel、PowerPoint（機能制限やユーザーインターフェイスの違いがあります）のアプリが無料で利用できます。
「Office 2024」や「Microsoft 365」に入っている機能フル装備のWordやExcelを使う場合も、Microsoftアカウントが必要になりますが、Windows11と同じMicrosoftアカウントを使っていれば、Windows11にサインインするだけですべてのサインインができます。

Microsoftアカウントは、個人設定などの情報をクラウド上に保存します。そのため、2台のパソコンを同じMicrosoftアカウントで利用すると、デスクトップ上のショートカットや設定などが、2台のパソコンで同期されます。例えば、1台のパソコンでEdgeを使ってWebを見ると、もう1台のパソコンでもその履歴などを使うことができます。また、デスクトップパソコンで行っていた作業をノートパソコンで再開しても、操作の履歴などが引き継がれるので便利です。

ローカルアカウントはダメなの？

ローカルアカウントとは、Microsoftアカウントが登場する前から使われていたもので、Windowsパソコンにサインインするためのユーザー名とパスワードです。名前のとおり個々のパソコンごとに登録するものです。なお、ローカルアカウントであっても、OneDriveやTeamsなどのクラウドサービスに個別にサインインをすれば、Microsoftのクラウドサービスを利用することはできます。もちろん、「Microsoft 365」や「Office 2024」もローカルアカウントで利用できます。

Windowsパソコンにはローカルアカウントでサインインし、OneDriveなどのMicrosoftのクラウドサービスは個別にサインインして使う、ということができます。使い勝手は悪くなりますが、個人設定の情報はパソコンの中だけにとどめることができます。なお、LANでの共有ができないときは、ローカルアカウントにすると共有できるようになる場合があります。

SECTION

キーワード ▶ CPU／RAM／HDD

4 Windows11が 動くパソコンの性能とは

Windows11のシステム要件（動作するパソコンの条件）は、Windows10に比べてとても厳しくなりました。そのため、Windows10が快適に動いていたパソコンであっても、Windows11が動かないという可能性もあります。

Windows11のシステム要件

Windows11のWindows10との大きな違いは、OSとして動作するために必要とされるパソコンの性能（システム要件）が、Windows10より高くなっていることです。しかし、ただ高性能なCPUやRAMを要求するわけではありません。

古いパソコンでも、Windows11のシステム要件を上回るCPUやRAMを搭載してWindows10が快適に動作する高性能パソコンも数多くありますが、システム要件のうち1つでも満たさない箇所があると、Windows11を導入し、動作させることができません。

多くの高性能パソコンで引っかかるのが、「ファームウェア」と「TPM」です。

実は、Windows10のシステム要件には「ファームウェア」と

「TPM」はありません。というのも、Windows10が登場した当時は、ファームウェアに「BIOS」（バイオス）と呼ばれるWindows登場当時の古い技術が使われたパソコンが多数存在していたからです。もちろん当時も、より新しい「UEFI」を採用したパソコンもあったとはいえ、BIOSのパソコンが多数派でした。

また、TPMはシステムの暗号を管理するハードウェアです。Windows11は「TPM2.0」をシステム要件としていますが、Windows10登場時にはTPMを搭載するパソコンは少数派でした。

Windows11は、パソコンの計算性能よりもセキュリティの高さをシステム要件としているとお考えください。

システム要件表

ハードウェア	要求性能
プロセッサ	1ギガヘルツ（GHz）以上で2コア以上の64ビット互換プロセッサまたはSystem on a Chip（SoC）
RAM	4ギガバイト（GB）
ストレージ	64ギガバイト（GB）以上の記憶装置（HDDやSSD）
システムのファームウェア	UEFI、セキュア ブート対応
TPM	トラステッド プラットフォーム モジュール（TPM）バージョン2.0
グラフィックス カード	DirectX 12以上（WDDM 2.0ドライバー）に対応
ディスプレイ	対角サイズ9インチ以上で8ビット カラーの高解像度（720p）ディスプレイ

SECTION **キーワード** ▶ **新機能／変更点／削除された機能**

5 Windows11で 変更された機能とは

Windows10からWindows11になって、Windowsの機能は大きく変わりました。ここでは削除された機能を中心に、何がどのように変わったのかをまとめて列挙しました。Windows10のUpdate機能を使ってWindows11にアップグレードしたユーザーは必読です。

Windows11でどう変わったか

Windows10からWindows11に乗り換えた人は、今までのWindows10とこれから使うWindows11のどこがどう変わったのか、非常に気になると思います。

そこで、Windows11で変わった箇所を以下にピックアップしました。多くのユーザーに関係する変更から、ごく一部の人しか気にならないものまであります。

・ デスクトップの壁紙は、Microsoftアカウントでサインインした場合、デバイス間の移動ができません。
・ 数式入力パネルは削除されます。数式認識エンジンはオンデマンドでのみインストールされ、数式入力コントロールと認識機能が含まれます。OneNoteなどのアプリ内での数式手書き入力は、この変更の影響を受けません。
・ 「ニュースと関心」(News and Interests) がウィジェットに進化しました。タスクバーのウィジェットボタンをクリックすると、ニュースや天気予報が表示されます。
・ ロック画面の簡易ステータスと関連設定は削除されました。
・ SモードはWindows11 Home Editionのみで利用可能になります。
・ Windows10で切り取り＆スケッチと呼ばれていたアプリは、「Snipping Tool」に名称が変わりました。
・ スタートメニューはWindows11で大幅に変更されました。主な廃止や削除の対象は次のとおりです。
　　①名前付きグループやアプリのフォルダーには対応しなくなり、レイアウトは現状ではサイズ変更できません。
　　②Windows10からアップグレードしたときピン留めしてあったアプリとサイトは移行されません。
　　③ライブタイルは使用できなくなります。ウィジェット機能で代用されます。
・ タスクバーの機能が次のように変更されました。
　　①Peopleはタスクバーからなくなります。
　　②アップグレード前にカスタマイズしたアイコンを含む一部のアイコンは、アップグレードしたデバイスのシステムトレイ（systray）に表示されなくなります。
　　③表示位置は画面下部のみで変更できなくなります。
　　④アプリはタスクバーエリアをカスタマイズできなくなります。
・ タッチキーボードは18インチ以上のモニター画面ではキーボードのレイアウトをドック/アンドックできなくなります。
・ Windows10からのアップグレードで、次のアプリがなくなります。
　　①Internet Explorer
　　②タイムライン
　　③Wallet
　　④タブレットモード

Windows11 バージョン23H2で変わったこと

Windows11の23H2では、以下の機能が追加されました。

・Copilot in Windows
Windowsのアプリを起動したり、一部の機能の操作が可能となります。Windowsに関連したことだけでなく、ChatGPTのようにあらゆる質問に答えることもできます。
・ペイントアプリ
背景除去やレイヤー機能などが追加されました。
・Snipping Toolアプリ
画面の録画機能が追加されました。スクリーンショットからテキストを抽出し、クリップボードへコピーする機能も搭載されました。
・メモ帳アプリ
ファイルを保存しなくても自動保存されるようになりました。次回起動時に、前回の編集状態が復元されます。
・Outlook アプリ
従来のメールアプリにかわり標準的なメールソフトなりました。GmailやYahoo、iCloudなどのメールアカウントを一括管理できます。
Windows11の最新バージョン24H2では、前バージョン23H2に比べて以下の機能が追加されました。

Windows11 バージョン24H2で変わったこと

・Copilotの変更
従来は画面の右端に表示されていたCopilotアイコンが検索窓の右に表示されるようになりました、Copilotは独立したアプリになり、削除も可能です。機能的には、直接Windowsを操作できなくなり、ヘルプのような機能に限定されました。
・スタートメニューからタスクバーへのドラッグ
スタートメニューからアイコンをドラッグしてタスクバーにピン止めできるようになった。
・Wi-Fi 7 対応
より高速なWi-Fi7に対応しました。
・クイック設定がスクロール可能になった
クイック設定画面がスクロール可能になり複数のアイコンを切り替えて使えるようになりました。
・ファイルの圧縮形式の増加
ファイルの圧縮方式として、従来のZIPに加え、[7z][TAR]が追加されました。
・右クリックメニューのアイコンに説明追加
エクスプローラーでファイルを右クリックしたときに表示されるメニューで、上に表示されるアイコンに説明が追加されました
・いくつかのアプリが削除された
[コルタナ][ワードパッド][ピープル]などの一部のアプリが削除されました。
・sudoコマンドの実装
Windowsターミナルで「sudo」コマンドが実装されました。これにより管理者権限を得ることができます。
・エクスプローラーのタブの複製
エクスプローラーでタブの複製が可能になりました。

SECTION キーワード ▶ 設定／PIN／アカウント

6 Windows11のセットアップ

ここでは、Windows11がインストールされたパソコンを新しく購入して最初に電源を入れたときの設定を説明します。なお、パソコン付属の「操作マニュアル」や「スタートガイド」などを必ず読んで、機種固有の設定や注意を確認してから操作してください。

セットアップ作業を行う

手順1

① 電源ボタンを押す

パソコンが起動するのを待ってください

 パソコンの電源を入れる

最初に、パソコンに付属するマニュアルをよく読んでください。「スタートガイド」などが付属しているパソコンは、そちらを優先して操作してください。パソコンのマニュアルを理解したら、パソコンの電源ボタンを押して電源を入れてください。パソコンが起動します。

 設定画面が違う場合

本書は一般的なWindows11のセットアップ作業を想定しています。パソコンの機種によっては本書と異なる操作手順の場合があります。異なる場合は、パソコン付属のマニュアルに従ってください。

手順2

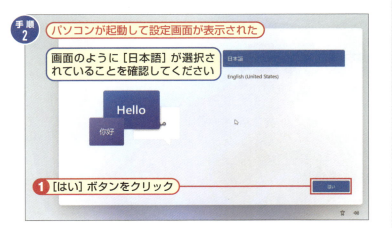

パソコンが起動して設定画面が表示された

画面のように［日本語］が選択されていることを確認してください

① ［はい］ボタンをクリック

 言語を選択する

パソコンが起動して設定画面が表示されます。この例のように日本語が選択されていることを確認してください。画面のように「日本語」が青いバーで表示されていれば選択されています。「日本語」であれば［はい］ボタンをマウスでクリックしてください（マウス以外の場合も、タップなどクリックに相当する操作をします。以下同様）。

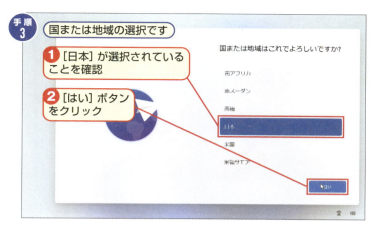

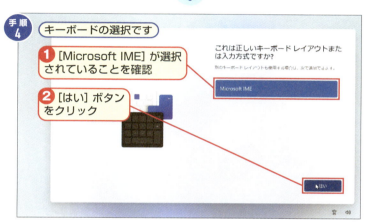

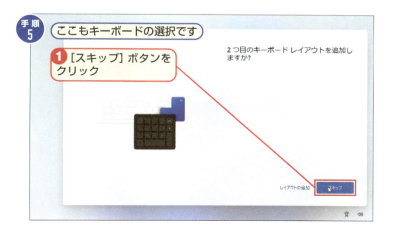

手順3　居住地域を選択する

ここからは、Windows11の設定項目が順次表示されて答えながら先に進めていきます。最初は国または地域の選択です。ここでは、日本国内で使う設定で進めます。「日本」が選択されていることを確認できたら、[はい]ボタンをクリックしてください。

 日本以外の場合

居住地域が日本以外の場合、地域を変更してから[はい]ボタンをクリックします。

手順4　キーボードのレイアウトを選択する

パソコンのキーボードを選択します。ここでは、「Microsoft IME」が選択されていることが確認できたら、[はい]ボタンをクリックしてください。ノートでもデスクトップでも「Microsoft IME」で大丈夫です。

 キーボードレイアウトとは

日本語入力のときのキーの割り当てを設定するものです（[半角/全角]キーの確認です）。通常、「Microsoft IME」を選択します。2つのキーボードレイアウトを設定することができます。

手順5　2つ目のキーボードレイアウトを選択する

2つ目のキーボードレイアウトは一般ユーザーには必要ないので、ここでは[スキップ]ボタンをクリックしてください。

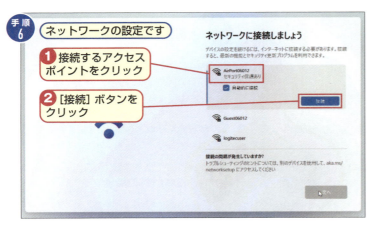

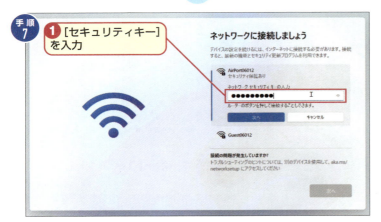

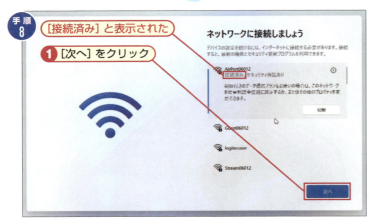

 手順6　無線LANに接続する

Windows11はインターネットに接続して利用するため、ネットワークの設定を最初に行います。ここでは、無線LANに接続する方法で設定を進めます（パソコンに無線LAN機能がある場合です）。接続可能な無線LANのアクセスポイントが表示されます（アクセスポイントは環境によって異なる）。自宅以外のアクセスポイントも表示されるので注意してください。自宅で利用するアクセスポイントをクリックして選択します。[接続] ボタンが表示されたら、このボタンをクリックしてください。

 手順7　セキュリティキーを入力する

選択した無線LANルーターへ接続するためのセキュリティキーを入力します。ルーターの本体に表示されているキー情報を「ネットワークセキュリティキーの入力」に入力してください。

 注意　無線LANの設定画面

パソコンの近辺で無線LAN設備（ルーター）が検出されなかった場合、無線LAN設定画面は表示されません。有線LANなどをお使いください。

 手順8　ネットワークに接続された

Windows11と無線LANルーター間でキーの確認が行われ、セキュリティキーが正しければ、「接続済み、セキュリティ保護あり」と表示されます。接続されない場合は手順7に戻るので、「無線LANルーター」を正しく選択し、「セキュリティキー」を確認するなどしてください。接続ができたら[次へ] ボタンをクリックしてください。

手順 9　デバイスの名前を設定する

Windows11がデバイス（パソコン）を管理する名前を入力します。15文字以内の英数字で記号などを使わなければ、自由に名前を決めることができます（数字のみは不可）。ここでは、例として「dell」と入力しています。なお、［今はスキップ］ボタンで後回しにすることもできます。その場合は、［設定］→［システム］→［名前の変更］で変更できます。

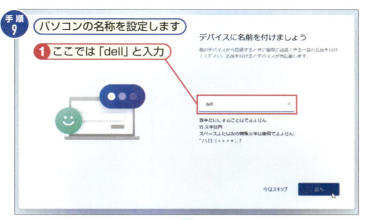

手順 10　Microsoftアカウントを入力する

ここでは、Windows11を利用するときに必要となる「Microsoftアカウント」を入力します。すでにMicrosoftアカウントをお持ちの場合は、お使いのMicrosoftアカウントを入力欄に入力してください。入力できたら［次へ］ボタンをクリックしてください。

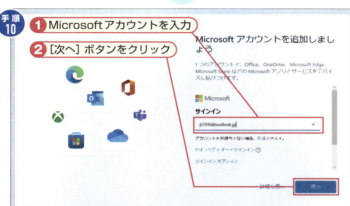

注意　Microsoftアカウントがない場合

Microsoftアカウントを持っていない場合は、手順10の画面で「作成」をクリックしてMicrosoftアカウントを作成することができます。Microsoftアカウントの作成や維持に費用は発生しません。

手順 11　Microsoftアカウントのパスワードを入力する

ここでは、Microsoftアカウントのパスワードを入力してください。パスワードを入力するときは、大文字・小文字や全角・半角などに注意してください。

注意　パスワードを忘れた場合

手順11の画面で「パスワードを忘れた場合」をクリックして、表示される指示に従ってください。

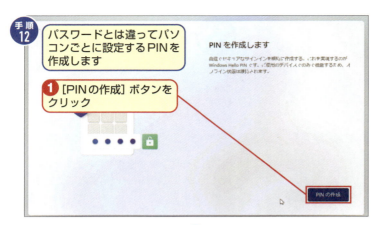

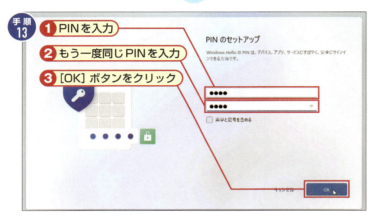

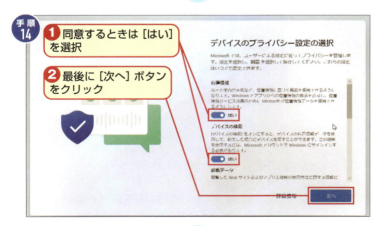

 PINを作成する

ここでは、サインインのときに使用するPINを作成します。
Microsoftアカウントでサインインする場合、Microsoftアカウントとパスワードの組み合わせが漏洩すると大変です。しかし、MicrosoftアカウントとPINであれば、パソコンごとにPINを変えることにより特定のパソコンでMicrosoftアカウントとPINが漏洩しても、被害をそのパソコンのみに限定できます。ここでは、[PINの作成]ボタンをクリックしてください。

 PINを入力する

このパソコンで使用するPINを入力して決める作業です。もし複数のパソコンを利用するなら、PINはパソコンごとに変更してください。PINは4桁の数字です。自由に決めてください。一般的に「1111」や「1234」などの安易な数字や誕生日などは避けるべきです。上の欄にPINを入力し、下の欄にも同じPINを入力してください。なお、「英字と記号を含める」をチェックしてオンにすれば、「057B」などのPINも使えます。入力が終わったら[OK]ボタンをクリックしてください。

 プライバシー設定を確認する

ここでは、Windows11で利用するデバイスのプライバシー設定をします。上から位置情報、デバイスの検索、診断データなど、各項目の説明を理解して同意するときはクリックして[はい]を選択してください。各項目の確認が終わったら[次へ]ボタンをクリックしてください。

 PINを設定する

PINを設定すると、Windows11の起動時にはパスワードの代わりにPINを入力することになります。

手順 15 全体を確認する

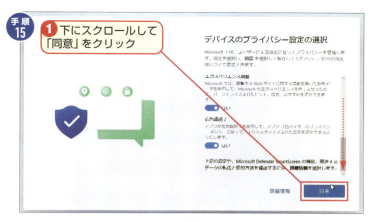

手順14に引き続き、「デバイスのプライバシー設定の選択」です。画面の右側にスクロールバーが表示されています。画面をスクロールして各項目を読んで項目ごとに同意したら [はい] を選択して下までスクロールしてください。最後に [同意] ボタンをクリックしてください。

手順 16 ヒントや広告などの設定をする

「エクスペリエンスをカスタマイズ…」では、操作中のヒント表示や広告の表示などを設定できますが、「スキップ」を選択しておくことをおすすめします。[スキップ] ボタンをクリックしてください。

手順 17 サインインしてデスクトップを表示する

設定が終わるとロック画面が表示されます。設定したPINでサインインしてデスクトップ画面を表示してください。デスクトップが表示されれば、初期設定は完了です。

SECTION 7

キーワード ▶ 起動／ブート／電源ボタン

Windows11を動かしてみる

Windows11の動かし方は、従来のWindows7や10と変わりません。パソコンの電源ボタン（スイッチ）を押して通電すればWindows11が起動します。ここで、改めてWindows11を起動させる手順を説明しましょう。

Windows11を起動する

手順1

❶ パソコンの電源ボタンを押す

電源ボタンの位置はパソコンによって違います

❶ マウスの左ボタンをクリック

画面上を動く小さな矢印がマウスカーソルです

タッチ操作の場合には上方向にスワイプします

手順1 電源を入れる

例としてノートパソコンの［電源］ボタンの操作を説明します。電源スイッチ（ボタン）は、この例ではキーボードの左上にあります。［電源］ボタンを押してください。

メモ 電源スイッチの位置

電源スイッチの位置はパソコンによって異なります。わからないときはパソコンのマニュアルで確認してください。

手順2 ロック画面が表示された

Windows11が起動すると「ロック」画面が表示されます。マウス（タッチパッド）の左ボタンをクリックしてください。画面上を動く小さな矢印がマウスカーソルです。

注意 サインインで必要なアカウント

アカウントはパソコンの初期設定時（パソコン購入時）かWindows11のセットアップ時に設定します。そこで指定した「PIN」やパスワードをWindows11の起動時にも指定します。なお、アップグレードしたときは以前のアカウントが使えます。

手順 3 サインイン画面が表示された

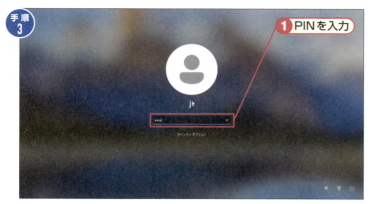

① PINを入力

サインイン画面に切り替わりました。ユーザー名が表示され、PINの入力枠が表示されます。PINを入力してください。

注意 PINを設定していない場合

PINを設定していない場合は、Microsoftアカウントのパスワードを入力します。

手順 4 デスクトップ画面が表示された

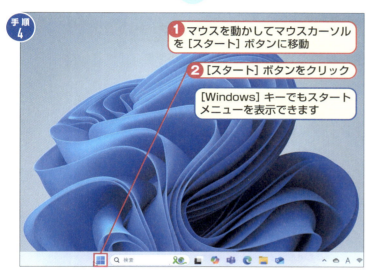

① マウスを動かしてマウスカーソルを[スタート]ボタンに移動
② [スタート]ボタンをクリック
[Windows]キーでもスタートメニューを表示できます

デスクトップ画面に切り替わります。マウスを動かしてマウスカーソルを[スタート]ボタンに移動し、[スタート]ボタンをクリックします。なお、キーボードの[Windows]キーでもスタートメニューを表示できます。

メモ 最初はデスクトップ画面が表示される

Windows11では、起動時には必ずデスクトップ画面が表示されます。

手順 5 スタートメニューが表示された

スタートメニューが表示された
スタートメニューの大きさや表示される項目は、パソコンによって異なります

デスクトップ画面に「スタートメニュー」が表示されました。なお、スタートメニューの大きさや表示される項目は、パソコンによって異なります。

便利技 生体認証でサインインする

必要な機材があれば、「顔認証」や「指紋認証」でサインインすることもできます。詳しくはSECTION114を参照してください。

Windows11を使ってみよう

SECTION

キーワード ▶ マウス／更新／シャットダウン

Windows11を終了する

Windows11を終了させるには、[スタート] ボタンをクリックし、表示されたスタートメニューの中の [電源] ボタンをクリックします。あとは自動でWindows11が終了します。また、「Windows Update」などで再起動を行うときも [電源] ボタンを使います。

シャットダウンを選んで終了する

1 マウスカーソルを [スタート] ボタンの上に移動

2 マウスカーソルが [スタート] ボタンに重なったらマウスの左ボタンをクリック

 手順1 [スタート] ボタン上でクリックする

マウスカーソルを [スタート] ボタン上でクリックします。

 メモ マウス

デスクトップ上のマウスカーソルを動かしてアイコンを選択するときに使う装置で、上部左右2つのボタンと中央に1つのホイールを備える製品が一般的です。さまざまな形状や色などの製品があります。

1 マウスカーソルを [電源] ボタンの上に移動

2 マウスカーソルが [電源] ボタンに重なったらマウスの左ボタンをクリック

 手順2 スタートメニューの [電源] ボタン上で左クリックする

スタートメニューが表示されるので、[電源] ボタンを左クリックする。

 便利技 スリープと再起動

電源のメニューに表示される「スリープ」とは、必要最低限の機能だけを残した待機状態にすることです。「再起動」は、電源を切ってから起動することです。

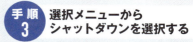

手順3 選択メニューから シャットダウンを選択する

通常の終了操作を行います。電源をオフにする操作を「シャットダウン」と呼びます。

便利技 [スタート] ボタンから シャットダウンする

[スタート] ボタンを右クリックして表示されるメニューで「シャットダウンまたはサインアウト」→「シャットダウン」と選択します。

メモ 「更新してシャットダウン」 と表示されたら

「Windows Update」（SECTION87参照）が行われると、[電源] ボタンをクリックして表示されるメニューの項目に「更新してシャットダウン」が追加されます。

PCの画面が真っ黒になります

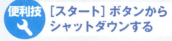

手順4 Windows11が終了した

Windows11が終了し、パソコンの電源がオフになります。

裏技 パソコンに 異常事態が起こったら

パソコンがマウスやキーボードの操作に反応しない異常な状態を「フリーズした」とか「固まった」などと表現します。

これは、パソコンの内部でプログラムが暴走するなどの問題が起こっている状況です。

数分から数十分ほど待つと正常に戻ることもありますが、ある程度の確率で元に戻らない場合もあります。十分な時間（例えば1時間ほど）待っても正常に戻らない場合は、パソコンの [電源] ボタンを長押しして、Windows11を強制的に終了します。

SECTION

キーワード ▶ デスクトップ画面／アイコン／インジケーター

9 覚えておきたい Windows画面の名称と機能

Windows11を起動すると、通常は「デスクトップ画面」が表示されます。ここでは、このデスクトップ画面の見方を説明します。なお、ここでは一般的なノートPCで説明しています。デスクトップでは、LANやバッテリーなどのアイコン表示が異なることがあります。

デスクトップ画面

❶ ごみ箱

削除したファイルやショートカットなどが一時的に格納されます。

❷ タスクバー

画面の下辺に表示され、検索ボックスや各種ボタン、インジケーター、日付時刻などが表示されています。あとからタスクバーにファイルやアプリをピン留めすることも可能です。

❸ [スタート] ボタン

スタートメニューが表示されます。再びクリックするとデスクトップ画面に戻ります。[Windows] キーで代用することもできます (SECTION12参照)。

❹ 検索ボックス

検索ボックスにキーワードを入力し、[Enter] キーを押すとWebおよびPC内を検索します。あるいは、音声入力でPCと会話します。

❺ [タスクビュー] ボタン

現在起動中のアプリがサムネイル表示されます。加えて、画面右下に [新しいデスクトップ] ボタンが表示され、このボタンをクリックすると新しいデスクトップが起動します (SECTION112参照)。

46

[スタート] ボタンの位置が変わった

[スタート] ボタンはタスクバーの中央に表示されます。

 タスクバーは下辺固定

タスクバーは、Windows10では画面の上辺や左右辺にも表示できましたが、Windows11では画面の下辺に固定されています。

❻ [ウィジェット] ボタン

ニュース、天気予報、株価、スポーツニュースなどが表示されます。

❼ [Microsoft Teams] ボタン

Teamsを起動してチャットや会議を行うことができます。

❽ [エクスプローラー] アイコン

エクスプローラーが起動します (5章参照)。

❾ [Microsoft Edge] アイコン

Webブラウザーの「Microsoft Edge」が起動します (SECTION55参照)。

❿ Outlook (new)

Outlook (new) が起動します (SECTION73参照)。

⓫ 通知領域

PCの状態を示す各種インジケーターが表示されています。通知領域の左端に表示される [^] ボタンをクリックすれば、隠れている通知インジケーターが表示されます。

⓬ OneDrive インジケーター

OneDriveの状態などが表示されます。

⓭ IME インジケーター

現在の日本語入力の状態が表示されています。ここを右クリックすると、日本語入力モードを変更することができます。

⓮ 無線LAN インジケーター

⓯ スピーカーインジケーター

⓰ バッテリーインジケーター

これらをクリックすると、Wi-Fiへの接続状況、画面の明るさや音量、バッテリーの残量などを表示したり変更したりすることができます。

⓱ 日付／時刻インジケーター

ここには現在の日付と時刻が表示されます。また、ここをクリックするとカレンダーと通知領域が表示されます。

⓲ Copilot ボタン

Copilotの画面が表示されます。

⓳ 通知インジケーター

通知があると色がつきます。

⓴ デスクトップの表示

デスクトップ上のすべてのウィンドウを最小化します。

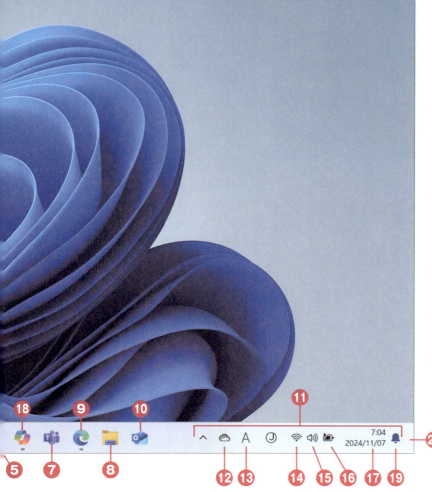

SECTION

キーワード ▶ 解像度／ディスプレイ／夜間モード

10 ディスプレイを見やすく変更する

画面の解像度や明るさを設定して、画面の見やすさを変更しましょう。解像度をそのままに、テキストやアイコンの大きさを変更することもできます。万人共通の正解はないので、あなたが見やすい解像度を選択するのが正解です。

ディスプレイの解像度を変更する

 手順1 ディスプレイ設定を選択する

画面解像度を変更するときは、デスクトップ上でマウスを右クリック（タッチ操作なら長押し）して表示されるメニューから［ディスプレイ設定］をクリックします。これで設定画面が表示されます。

 メモ コンテキストメニュー

マウスの右ボタンをクリック（右クリック）すると表示されるメニューを「コンテキストメニュー」と呼びます。

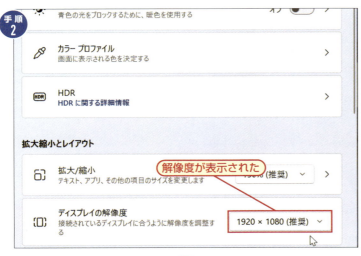

解像度が表示された

 手順2 ディスプレイのカスタマイズ画面が表示された

設定画面が表示されたら、「ディスプレイの解像度」に現在の解像度が表示されています。パソコンによって解像度は違うので、紙面と異なる数値でも問題はありません。

 メモ 解像度の違い

画面の解像度を高くすると、文字やアイコンが小さく表示されます。解像度を低くすると文字やアイコンは大きく表示されます。

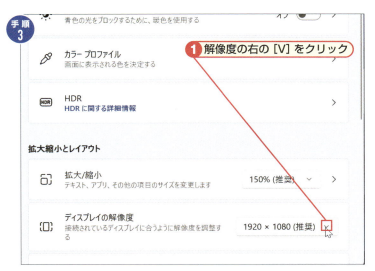

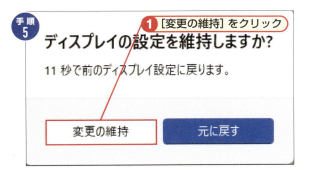

 手順3 解像度を選択する

解像度の右の[V]をクリックすると、選択できる解像度が表示されます。お使いのパソコンで表示できる解像度しか表示されないので紙面と異なる場合がありますが、問題ありません。

 メモ 夜間モードとは

夜間モードをオンにすると、夜間はディスプレイが自動的に青みを下げた暖色になり、パソコン使用後の眠りを妨げません。夜間モードにする時間帯は「夜間モード設定」をクリックすると設定できます。

 手順4 解像度の一覧が表示された

変更する解像度をクリックして選択します。すぐに解像度が切り替わり、確認画面が表示されます。

 便利技 文字やアイコンを大きく表示する

「拡大／縮小」のプルダウンメニューを表示してテキストやアイコンのサイズを変更すると、同じ解像度のままで文字やアイコンを大きく表示できます。

 メモ ディスプレイとは

パソコンの情報が表示されるモニター画面のことです。Windowsでは「ディスプレイ」と呼んでいます。

 手順5 適用する

解像度が変わって[変更の維持]が表示されたらクリックして完了です。もし、画面表示が乱れたら数分間は何も操作をしないでください。操作がないと画面表示不能だとWindows11が判断し、元の解像度に戻ります。

Windows 11を使ってみよう

SECTION

キーワード ▶ デスクトップ／個人用設定／背景

11 デスクトップの背景を変更する

部屋の壁紙と同じように、デスクトップの背景がいつも同じだと飽きるものです。ときどき変更することで気分の転換をしましょう。ここでは、Windows11のデスクトップ背景の変更手順などを詳しく説明します。

デスクトップの背景を変更する

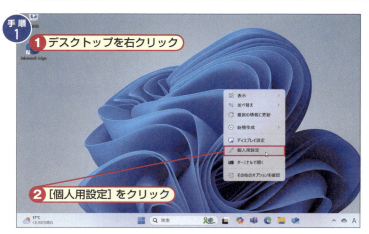

手順1
1 デスクトップを右クリック
2 [個人用設定] をクリック

手順2
1 [背景] をクリック

「個人用設定」を選択する

デスクトップを右クリックし、表示されるメニューの「個人用設定」をクリックします。

コンテキストメニューの項目

右クリックで表示されるメニューの項目は、設定やアプリによって異なります。また、デスクトップ上とフォルダー上でも項目は異なります。

背景を単色にする

背景として「単色」を選択して色を選ぶと、背景を単色にできます。

個人用設定画面が表示された

設定画面が表示されたら、「背景」をクリックして次に進みます。

「デスクトップを右クリック」とは

デスクトップ上でマウスの右ボタンを押すことを表現します。

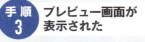

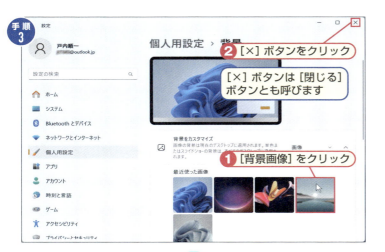

手順3 プレビュー画面が表示された

背景画像をクリックしてから［×］ボタンをクリックします。

メモ 個人用設定

Windowsを使う人ごとの設定のことです。画面設定がユーザーにひも付けられるので、例えば、別のPCであっても自分のMicrosoftアカウントでログインするといつもと同じ設定の画面が表示されます。

手順4 背景が変わった

背景が選択した画像に変わりました。

便利技 好きな画像を背景にする

「写真参照」をクリックして画像を選択すると、その画像を背景にすることができます。

裏技　センスのよい統一感のあるデスクトップを実現する

テーマを選択して適用する

　個人用設定画面の右上には「テーマを選択して適用する」エリアが表示されます。

　テーマとは、四季やスポーツなどのいろいろなテーマに沿った背景集を基本に、メニューなどの配色やサウンドなどまでテーマに沿って選択された、統一感のあるデスクトップ環境です。

　テーマを変えることで、簡単に背景から色やサウンド、スクリーンセーバーまで一括して統一感のある環境に変更できます。なお、設定画面から「個人用設定」を選択しても、テーマの変更ができます。

Windows10ユーザーのWindows11無料アップグレード

Windows10ユーザーなら、お使いのパソコンが「Windows11の要件」を満たしていれば、無料でWindows11へアップグレードできます。

ここでは、Windows11へのアップグレードが可能かどうかを確認する手順ならびにアップグレードの流れを説明します。

1 アップグレードの可能性を確認する

Windows10の[スタート]ボタンをクリックしてスタート画面から「設定」→「更新とセキュリティ」を選ぶと「Windows Update」が表示されます。

この表示で、アップグレードが可能なパソコンか否かの判断ができます。

アップグレードできるパソコンであれば、念のため重要なデータをバックアップしてからアップグレードを始めることをおすすめします。

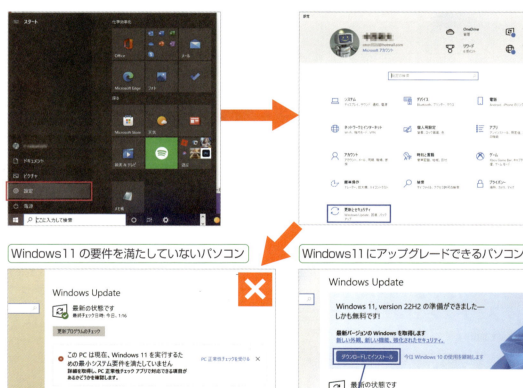

Windows11の要件を満たしていないパソコン

Windows11にアップグレードできるパソコン

[ダウンロードしてインストール]ボタンをクリックすれば、Windows11へのアップグレードが始まります

2章

スタートメニューから覚える
Windows11

この章では、Windows10から大きく変わったスタートメニューの使い方を解説しています。Windows10からアップグレードした人はこの章を精読してください。Windows10にあった「タイル」がなくなり、通常のアイコンがスタートメニューに表示されるようになりました。また、タスクバーに表示されるアイコンが中央揃えに変わりました。

SECTION キーワード ▶ スタートメニュー／[Windows] キー／すべてのアプリ

12 スタートメニューを表示する

Windows10ユーザーが戸惑うのがWindows11のスタートメニューだと思います。Windows10ではスタートメニューに並んでいたタイルがアイコンに変わり、画面の中央に表示されるようになりました。ここではスタートメニューの操作を説明します。

[スタート] ボタンから始まる

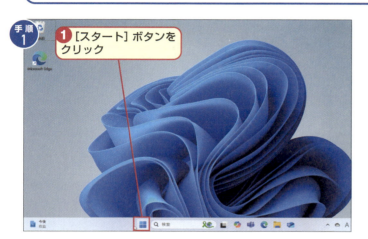

手順1 ❶[スタート] ボタンをクリック

手順1 [スタート] ボタンをクリックする

Windows11を使うときにいちばん使う機会が多いのがスタートメニューです。ここでは、スタートメニューの使い方を詳しく説明します。スタートメニューを表示する基本操作は、タスクバーの [スタート] ボタンをクリックすることです。

時短 スタートメニューを表示する

[Windows] キー または
「Windows」マーク

便利技 タッチ操作でスタートメニューを表示する

画面の下端から上へフリックすると、スタートメニューが表示されます。

手順2 スタートメニューが表示された

[スタート] ボタンからスタートメニューが表示されました。

手順2 スタートメニューが表示された

 手順 3 [次のページ] ボタンをクリックする

最初に表示されるスタートメニューには項目の一部しか表示されません。画面右側に表示される小さな [▼]（次のページ）ボタンや [▲]（前のページ）ボタンでスクロールさせます。スタートメニューの下のほうに隠れている項目を見てみましょう。スタートメニュー右側の [▼]（次のページ）ボタンをクリックしてください。

 便利技 スタートメニューのスクロール

ボタンの代わりにマウスのホイールを回すことでもスクロールができます。

 手順 4 次のページのスタートメニューが表示された

スタートメニューがスクロールして、隠れていた項目が表示されました。スタートメニュー右側の [▲あ]（前のページ）ボタンで先頭のメニューに戻しましょう。

 メモ おすすめアプリ

スタートメニューの下部に表示される「おすすめアプリ」には、最近追加したアプリや利用したファイルが最大6個表示されます。「その他」をクリックすると、すべてのおすすめアプリやファイルが表示されます。

 手順 5 前のページに戻った

スタートメニューの先頭に戻りました。[スタート] ボタンをクリックすればスタートメニューは消えます。

 裏技 ショートカットメニューを使う

[スタート] ボタンを右クリックするか、[Windows] + [X] キーを押すと、ショートカットメニューが表示されます。このショートカットメニューには、よく使われるコマンドが登録されています。

55

SECTION

キーワード ▶ スタートメニュー／アイコン／ピン留め

13 スタートメニューの名称と機能を知る

ここでは、Windows11の「スタートメニュー」に表示される項目の名称や機能を丁寧に紹介します。スタートメニューは、デスクトップ画面で［スタート］ボタンをクリックするか［Windows］キーを押すと表示され、もう一度同じ操作をすると閉じます。

スタートメニューの画面

❶ 検索ボックス

ここをクリックすると、パソコンの内部およびWebを検索できるようになります。

❷ ピン留めされたアプリ一覧

ピン留めされたアプリの一覧が表示されます。1ページ内に最大18個表示されます。次ページを表示するには、右端に表示された［▼］（次のページ）ボタンをクリックし、前ページを表示するには［▲］（前のページ）ボタンをクリックします。

❸ おすすめアプリ

直近にインストールしたアプリや利用したファイルが最大6つ表示されます。「その他」をクリックすると、すべてのおすすめアプリやファイルが表示されます。

便利技 ピン留め領域を増減する

デスクトップを右クリックして表示されるメニューから「個人用設定」→「スタート」を選択すると、スタートメニューのレイアウトを変更することができます。これによって、ピン留め済み領域を増やしたり減らしたりすることができます。

注意 タイルからアイコンに

Windows10のスタート画面では、アプリが「タイル表示」されていましたが、Windows11ではタイルがなくなり、アプリのアイコンがシンプルに並ぶ表示に変わりました。アイコンをクリックするとアプリが起動します。

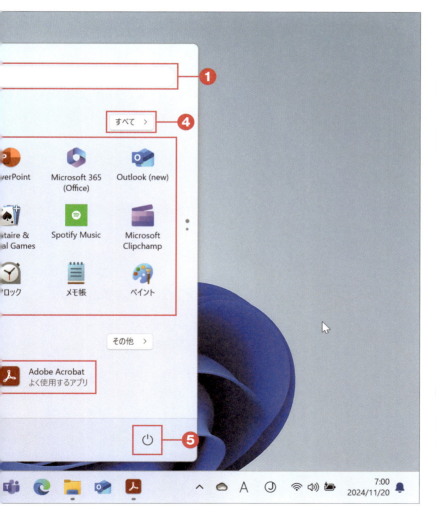

❹ [すべて] ボタン

ここをクリックすると、アプリ一覧がアルファベット順およびあいうえお順に表示されます。

❺ [電源] ボタン

ここをクリックして、「シャットダウン」、「スリープ」、「再起動」を行うことができます（SECTION8参照）。

SECTION キーワード ▶ すべてのアプリ／おすすめ／ピン留め

14 スタートメニューのアプリ一覧を表示する

スタートメニューには、代表的な一部のアプリしか表示されません。そのため、表示されない多くのアプリへのアクセス手段として、[すべて]ボタンが用意されています。[すべて]ボタンをクリックすると画面表示が変わり、すべてのアプリが表示されます。

すべてのアプリを表示する

1 [すべて]ボタンをクリック

手順1 すべてのアプリを表示する

スタートメニューはタスクバーの[スタート]ボタンをクリックすると表示されます。スタートメニューが表示されたら、画面の右上に配置された[すべて]ボタンをクリックしてください。

すべてのアプリが表示された

手順2 アプリの一覧が表示された

画面表示が切り替わり、すべてのアプリが名前の順に表示されます。

メモ アプリ一覧の並び方

[すべて]ボタンで表示されるアプリ一覧は、「記号」→「数字」→「アルファベット順」→「あいうえお順」で表示されます。

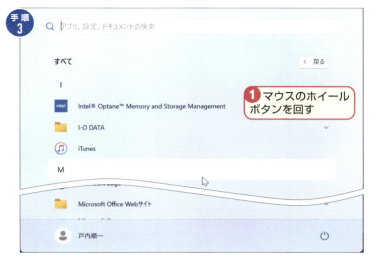

 手順3 アプリ一覧をスクロールする

アプリ一覧に表示されるアプリは、数も多いので画面には収まりません。そのため、画面をスクロールしてアプリを探すことになります。
スタートメニューの右側に表示されているスクロールバーをマウスでドラッグしてスクロールできますが、ホイール付きのマウスならホイールを回してスクロールさせたほうが簡単です。

メモ アプリ一覧をタッチ操作でスクロールする

タッチ操作では、指でフリックして上下にスクロールすることもできます。

 手順4 最初のスタートメニューに戻る

使うことはあまりないと思いますが、アプリ一覧から「スタートメニュー」に戻ることもできます。
［すべて］ボタンをクリックすると、［すべて］ボタンは［戻る］ボタンに変化します。そのため、最初のスタートメニューに戻るときは、［戻る］ボタンをクリックします。

 手順5 スタートメニューに戻った

［戻る］ボタンをクリックしたので、最初のスタートメニューが表示されました。デスクトップに戻るにはキーボードの［Windows］キーを押します。

 注意 Windowsツールに統合

Windows10のアプリ一覧にあった「アクセサリ」、「管理ツール」、「システムツール」は、Windows11では廃止され、それらに入っていたアプリのうちの多くは「Windowsツール」に移管されました。

SECTION

キーワード ▶ ピン留め／よく使うアプリ／解除

15 アプリをスタートメニューに ピン留めする

毎回、スタートメニューから［すべて］ボタンをクリックし、続けて「すべてのアプリ」画面をスクロールさせてアプリを探してクリックしていたのでは、頻繁に使うアプリだと面倒です。常用のアプリをすぐに起動できるようにする手順を説明します。

頻繁に使うアプリをピン留めする

手順1：[すべて]ボタンをクリック

手順1　スタートメニューを表示する

スタートメニューが表示されました。
この画面に使いたいアプリが表示されていれば便利ですが、多くのアプリは[すべて]ボタンをクリックして表示される「すべてのアプリ」画面で探して選択します。
そこで、アプリをスタートメニューにピン留めし、すぐに使えるようにしましょう。

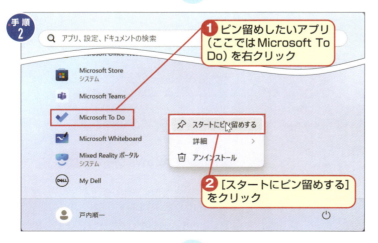

1. ピン留めしたいアプリ（ここではMicrosoft To Do）を右クリック
2. [スタートにピン留めする]をクリック

手順2　アプリの一覧が表示された

準備として、スタートメニューにピン留めしたいアプリを表示します。
ここでは、例として「Microsoft To Do」を選んでピン留めしてみます。
ピン留めするアプリ（Microsoft To Do）を右クリックします。メニューが表示されるので、[スタートにピン留めする]をクリックします。

 スタートメニューに ピン留めされた

手順2でピン留めした「Microsoft To Do」がスタートメニューにピン留めされました。これで、すべてのアプリから探す手間が省けます。

> **メモ アプリは最後にピン留めされる**
>
> ピン留めしたアプリはスタートメニューの最後に追加されます。

アプリのピン留めを外す

 「スタートからピン留めを外す」を選択する

利用するアプリを次々にスタートメニューにピン留めすると、ピン留めが増えて操作性が悪くなってしまいます。
そこで、利用頻度が下がったアプリのピン留めを解除してみましょう。
ピン留めを外したいアプリを右クリックしてください。表示されるメニューで「スタートからピン留めを外す」をクリックして、ピン留めを解除します。

 ピン留めが外れた

選択したアプリのピン留めが外れて、スタートメニューから消えました。

> **便利技 アプリを移動する**
>
> ピン留めしたアプリは、ドラッグ操作により自由に移動することができます。ドラッグ中に上下に表示される[∨]または[∧]にアプリのアイコンを合わせると、ページをまたいで移動することができます。

SECTION

16 ショートカットを デスクトップに表示する

キーワード ▶ ショートカット／時短／アプリ

スタートメニューからアプリを探して起動するのは「時間もかかるし、手数も多くて面倒！」というユーザーが多いと思います。Windows10を使っていたユーザーにはおなじみのテクニックですが、デスクトップにアプリのショートカットを作ってみましょう。

アプリのショートカットをデスクトップに作る

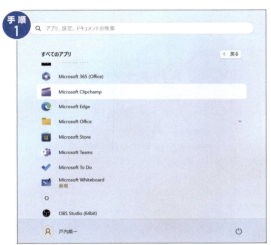

アプリの一覧が表示されます

 アプリ一覧を表示する

スタートメニューを開き、[すべて] ボタンをクリックして、表示されたアプリの一覧からショートカットを作るアプリを探します。

注意 ピン留めされたアプリはダメ

スタートメニューにピン留めされたアプリからは、ショートカットを作成できません。必ず、「すべてのアプリ」画面に表示されたるアプリから作成してください。

1 [Microsoft Clipchamp]をデスクトップへドラッグ

 アプリをデスクトップにドラッグする

「すべてのアプリ」画面の「Microsoft Clipchamp」をマウスでドラッグ（マウスの左ボタンを押したまま）して、そのままマウスをスタートメニューからデスクトップ画面まで動かして、ドロップ（マウスの左ボタンを離す）します。

[Clipchamp]のショートカットのアイコンができた

 ショートカットのアイコンがデスクトップに作られた

デスクトップ画面に「Clipchamp」のショートカットができました。このアイコンをダブルクリックすることで、アプリを起動できます。スタートメニューを経由するのに比べると格段に便利です。

メモ ショートカットアイコンを移動する

ショートカットアイコンは、デスクトップ上ならドラッグの操作で自由に移動することができます。

ショートカットアイコンを削除する

①ショートカットアイコンを右クリック
②[削除]ボタンをクリック

 右クリックして[削除]ボタンをクリックする

デスクトップ上のショートカットアイコンの削除は、ショートカットアイコンを右クリックし、表示されるメニューの上端にある[削除]ボタンをクリックするだけです。

メモ アプリ本体は削除されない

アプリのショートカットアイコンを削除しても、アプリ本体は削除されないので安心してください。

ショートカットアイコンが削除された

 ショートカットアイコンが削除された

デスクトップから「Clipchamp」の「ショートカット」アイコンが消えました。

 便利技 アイコンの大きさを変える

デスクトップ上で右クリックして表示されるメニューで「表示」を選択すると、アイコンの大きさを「大アイコン」、「中アイコン」、「小アイコン」に変更できます。

63

SECTION **キーワード** ▶ ピン留め／フォルダー／スタートメニュー

17 スタートメニューに
フォルダーをピン留めする

よく使うアプリをスタートメニューにピン留めしてWindows11を使いやすくするのと同様に、スタートメニューの最下段によく使うフォルダーをピン留めすることで、素早くフォルダーを選択できるようになります。ここではその設定手順を説明します。

フォルダーをピン留めする

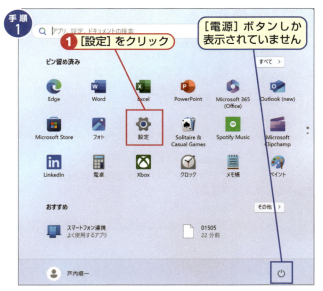

手順1 スタートメニューから設定を選択します

[スタート]ボタンをクリックしてスタートメニューを表示してください。スタートメニューの最下段右側には[電源]ボタンしかないことを確認してください。続いて、スタートメニューの[設定]をクリックします。

 **素早くピン留めする**

ボタンを配置した領域内を右クリックして表示される「この一覧のパーソナル設定を行う」を選択すると、手順4の画面が現れるので、素早くピン留めできます。

手順2 設定画面が開いた

「設定」画面が表示されました。最初に画面の左側にある[個人用設定]をクリックしてください。画面右側の表示が「個人用設定」のものに変わりました。
「スタート」をクリックしてください。

手順3 スタートメニューが開いた

画面右側の表示が「個人用設定 > スタート」に変わりました。[フォルダー] をクリックしてください。

便利技 ピン留めを解除する

手順4の画面でフォルダーをオフにすると、ピン留めを解除することができます。

手順4 ピン留めしたいフォルダーをオンにする

画面右側の表示が「個人用設定 > スタート > フォルダー」に変わりました。「エクスプローラー」、「ドキュメント」、「ピクチャ」をクリックしてオンにしてください。オンに変わったら、画面右上の [×] ボタンをクリックして「設定」画面を終了します。

注意 「エクスプローラー」というフォルダーはない

手順4で「エクスプローラー」をオンにすると、エクスプローラーが開いて「クイックアクセス」が表示されます。

手順5 フォルダーが表示された

スタートメニューの最下段に「エクスプローラー」フォルダー、「ドキュメント」フォルダー、「ピクチャ」フォルダーのアイコンが表示されました。

便利技 「ダウンロード」フォルダーをピン留めする

ネットからファイルをダウンロードすると、Windows11に最初から用意されてる「ダウンロード」フォルダーにファイルが保存されるので、このフォルダーをピン留めしておくとすぐにファイルを使うことができます。

SECTION キーワード ▶ フォルダー／スタートメニュー／アイコン

18 スタートメニューにフォルダーを作る

2022年9月の大型アップデート（一般的に「22H2」と呼ばれる）から、スタートメニューにフォルダーを作ることが可能になりました。これにより、アイコンをフォルダー別に分類できるようになっています。

フォルダーを作成する

 アイコンを別のアイコンの上にドラッグする

ここでは、例としてペイントのアイコンとメモ帳のアイコンを含むフォルダーを作ってみましょう。

便利技 フォルダーに3つ以上のアイコンを含める

フォルダーにアイコンをドラッグすれば、そのアイコンはそのままフォルダーに追加されます。

 フォルダーが作られた

アイコンを別のアイコンの上にドラッグすると、2つのアイコンを含むフォルダーが作られます。フォルダーをクリックすると、そのフォルダーが開きます。

 メモ フォルダーを作るメリット

フォルダーを作ると、スタートメニューの中のアイコンをフォルダーごとに分類することができます。

フォルダーの名前を変更する

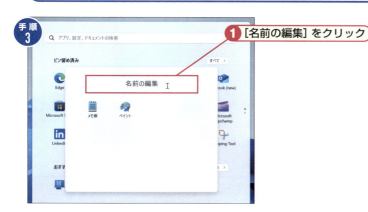

❶ [名前の編集] をクリック

❶ フォルダーの名前「アクセサリ」を入力
❷ [Enter] キーを押す
❸ スタートメニュー内のフォルダーの外側をクリック

名前が [アクセサリ] に変わった

 手順3　フォルダーの名前を変更する

新規に作られたフォルダーの名前は「フォルダー」となります。「名前を編集」をクリックすると、フォルダーの名前を変更できます。

便利技　アイコンをフォルダーの外に出す

フォルダーを開いて、アイコンをフォルダーの外にドラッグすれば、そのアイコンはフォルダーの外に移動します。

 手順4　フォルダーの名前を入力

新しい名前（ここでは例として「アクセサリ」）を入力して [Enter] キーを押します。入力が完了したら、スタートメニュー内のフォルダーの外側をクリックすることで、フォルダーが閉じます。

便利技　フォルダーを削除する

フォルダーに含まれるアイコンが1つになると、自動的にフォルダーは削除され、残ったアイコンがスタートメニューに表示されます。

 手順5　フォルダーが閉じた

フォルダーが閉じて、名前が変わったことを確認できます。

SECTION　キーワード ▶ タスクバー／配置／左揃え

19 タスクバーを使いやすく設定する

Windows11から、タスクバーの配置や機能が変更されました。Windows10ではタスクバーのアイコンは左揃えでしたが、Windows11から中央揃えに変わりました。ここでは、タスクバーの設定を変更する手順を説明します。

タスクバーのアイコンを左揃えにする

手順1

タスバーの中央にアイコンが並ぶ標準のスタイルです

❶ タスクバーを右クリック
❷ [タスクバーの設定] をクリック

 手順1　タスクバーの設定を変更する

標準的なWindws11のデスクトップです。[スタート] ボタンの位置をWindows10のように左に寄せてみましょう。タスクバーを右クリックしてください。メニューが表示されるので [タスクバーの設定] をクリックします。

 注意　タスクバーの位置は動かない

Windows11では下辺に固定です。

手順2

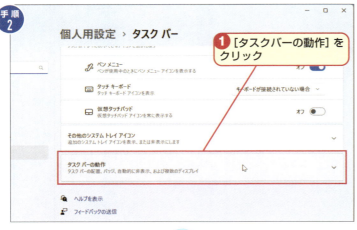

❶ [タスクバーの動作] をクリック

 手順2　タスクバーの動作を選択する

「個人用設定 ＞ タスクバー」画面が表示されました。[タスクバーの動作] をクリックしてください。

 便利技　「個人用設定」画面を素早く表示する

デスクトップ画面で右クリックし、「個人用設定」をクリックすると、「設定」画面が表示されるので、「タスクバー」をクリックして表示を変更できます。

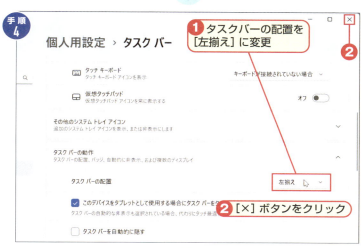

 手順3　現在の表示状況がわかる

「個人設定 > タスクバー」画面の右下に「タスクバーの配置」が表示されています。現在は、「中央揃え」です。
このボタンをクリックして表示される選択肢で、表示位置を変更できます。

 注意　タスクバーは1行表示だけ

Windows10ではタスクバーを2行表示にできましたが、Windows11では1行表示のみです。

 手順4　タスクバーの配置を「左揃え」に変更する

「タスクバーの配置」の「中央揃え」をクリックし、表示されるメニューから「左揃え」をクリックしてください。
実は、選択できるのは「中央揃え」か「左揃え」しかありません。変更ができたら、「設定」画面の右上にある［×］ボタンで閉じてください。

 便利技　タスクバーオーバーフロー

2022年の大型アップデート（22H2）以降は、タスクバーに表示されるアイコンがあふれた場合、右端に［…］ボタンが表示されます。このボタンをクリックすると、あふれたアイコンが表示されます。

手順5　アイコンの位置が変わった

タスクバーのアイコンが左揃えになっています。中央に戻す場合は、手順4で「中央揃え」を選択します。

使用頻度の低いアイコンの表示をオフにする

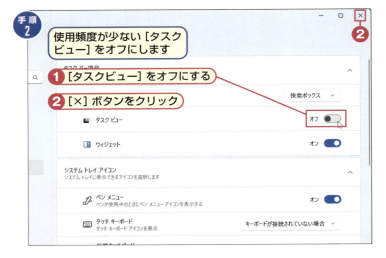

 手順1　タスクバーのアイコンを調整する

タスクバーのアイコンは数が少ないほど、操作性は高くなります。そこで、使うことが特に少ない機能のアイコンを表示しないようにしてみましょう。

手順としてはまず、タスクバーを右クリックし、表示された「タスクバーの設定」をクリックしてください。

 メモ　3つの常駐項目の非表示／表示

通常、タスクバーには「検索」、「タスクビュー」、「ウィジェット」の3つの項目が常時表示されます。いずれも、ここに示した手順で非表示にできます。手順2でオンに戻せば、再び表示されます。

 手順2　使用頻度の低いアイコンをオフにする

「個人用設定 ＞ タスクバー」画面が表示されました。タスバーの項目が表示されるので、使用頻度が少ない「タスクビュー」をクリックして「オフ」にします。

設定が完了したので、設定画面の右上の［×］ボタンをクリックして終了します。デスクトップ画面に戻ると、タスクバーから「タスクビュー」アイコンが消えています。

3章

Windows11のアプリを
起動して使ってみよう

スタートメニューが大きく変わったことにより、アプリの
起動法も変わりました。といっても難しくなったわけでは
なく、誰でも容易にアプリを起動できるので安心してくだ
さい。複数アプリを起動した場合にアプリのウィンドウを
容易に整列できる「スナップレイアウト」機能が強化され
たことも、ユーザーには朗報です。

SECTION

キーワード ▶ Microsoft Store／アプリ／インストール

20 Microsoft Storeから アプリを購入する

Microsoft Storeから「無料ストアアプリ」をダウンロードし、インストールして使ってみましょう。実用的なアプリからゲームまで、手軽に試せる無料アプリがあります。もちろんOfficeのような本格的な「有料ストアアプリ」を購入することもできます。

ストアアプリを購入する

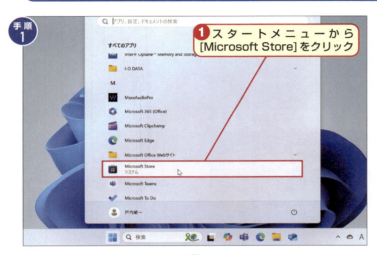

①スタートメニューから[Microsoft Store]をクリック

 Microsoft Storeを起動する

タスクバーにある「ストア」のアイコンをクリックすると、Microsoft Storeの画面が表示されます。

 ストアアプリはMicrosoft Storeでしか入手できない

ストアアプリはMicrosoft Storeでしか入手できませんが、その分、信頼性や安全性が保証されています。

①[検索ボックス]にアプリ名「itunes」を入力

 Microsoft Storeが起動した

ストアの画面が表示されました。用途や目的によりカテゴリから選ぶこともできますが、ここではアプリ名で検索しましょう。例として、「検索ボックス」にアプリ名の「itunes」を入力して[Enter]キーを押します。

 Sモードとは

セキュリティに配慮したWindows11の製品です。主に企業向けのWindowsパソコンで採用されています。

72

手順3 検索されたアプリからインストールしたいアプリをクリック

検索したアプリが表示されました。ここでは例として「iTunes」をクリックして選択します。

インストールとは

パソコンにアプリケーションを導入（アプリを使えるようにすること）する作業を「インストール」と呼びます。

インストールできたことを確認する

インストールに成功すると、スタートメニューの中に「おすすめ」項目が表示されるようになります。

手順4 アプリを購入する

「iTunes」を購入する画面が表示されました。「インストール」をクリックして、ただで購入しましょう。

検索で見つかったアプリを並べ替える

アプリの一覧は、有料/無料や評価順、価格順、新着順での並べ替えができます。自分の評価基準に合わせて並べ替えると、一覧が見やすくなります。

手順5 インストールが終了した

[開く]ボタンが表示されていれば、インストールは完了しています。

有料アプリを購入する

Microsoft Storeから有料のアプリを購入する場合は、「Microsoftアカウント」と支払い方法の登録が必要になります。

Windows 11のアプリを起動して使ってみよう

73

SECTION

キーワード ▶ 起動／終了／アプリ

21 アプリを起動／終了する

アプリを起動するにはいろいろな方法がありますが、ここでは、Windows11の基本となるアプリの起動手順である「スタートメニューから起動する」方法を説明します。利用頻度の高いアプリ向けに別の起動方法もありますが、最初は基本的な操作から覚えてください。

スタートメニューからアプリを起動する

手順1

1 [スタート]ボタンをクリック
スタートメニューが表示されます

手順1 [スタート]ボタンをクリックする

[スタート]ボタンをクリックするとスタートメニューが表示されます。

 便利技 アプリをその他の方法で起動する

・スタートメニューにピン留めされているアプリのアイコンをクリック
・タスクバーにピン留めされているアプリのアイコンをクリック
・デスクトップ画面に表示されているアプリのショートカットアイコンをダブルクリック

手順2

1 起動したいアプリ（メモ帳）をクリック

手順2 スタートメニューが表示された

表示されたスタートメニューから起動したいアプリ（この例では「メモ帳」）をクリックします。

 便利技 アプリをスタートメニューにピン留めする

スタートメニューにピン留めする方法はSECTION16を参照してください。

74

メモ帳が起動した

スタートメニューで選択した「メモ帳」アプリが起動したことを確認しましょう。

ストアアプリはウィンドウ表示される

Windows11では、ストアアプリもウィンドウ表示されます。

アプリを終了する

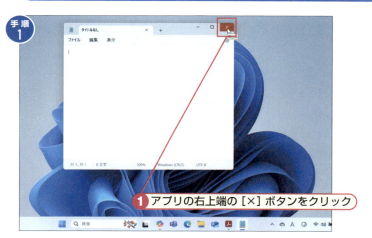

❶ アプリの右上端の [×] ボタンをクリック

アプリを終了する

アプリのウィンドウ右上端の [×] ボタンをクリックして終了しましょう。

[閉じる] ボタンを表示する

[×] (閉じる) ボタンが表示されていないときは、マウスカーソルをウィンドウの上端に合わせると表示されます。

タスクバーにピン留めする方法

アプリをタスクバーにピン留めする方法は、SECTION27を参照してください。

アプリが終了した

アプリが終了した

アプリが終了すると、表示がデスクトップ画面に戻ります。

マウスを使わないでアプリを終了する

アプリを選択している状態(目的のアプリを操作できる状態)でアプリを終了する場合は、[×] ボタンをマウスでクリックしますが、キーボードの [Alt] キーと [F4] キーを同時に押す操作でもアプリを終了できます。

Windows 11のアプリを起動して使ってみよう

SECTION

22 アプリ一覧からアプリを起動する

キーワード ▶ タスクバー／アプリの起動／すべてのアプリ

Windows11でアプリを起動する方法はいくつかあります。ここで説明する起動方法は、前のSECTIONの方法と共に、基本の操作手順になります。この手順なら、Windows11にインストールしてあるアプリを確実に使うことができます。手順を詳しく説明します。

メディアプレーヤーを起動する

手順1　[スタート]ボタンをクリックする

Windows11が起動してデスクトップ画面が表示されている状態で、アプリを起動してみましょう。
アプリを起動する場合は、タスクバーに表示されている[スタート]ボタンをクリックしてください。

手順2　スタートメニューが表示された

スタートメニューが表示されました。多くのアプリはメニューに表示されません。メニューに表示されていないアプリは、[すべて]ボタンをクリックして表示します。

 デスクトップから起動する

デスクトップにアプリのショートカットアイコンが表示されている場合は、そのアイコンをダブルクリックしてアプリを起動することができます。

手順 3 ここでは [メディアプレーヤー] をクリック

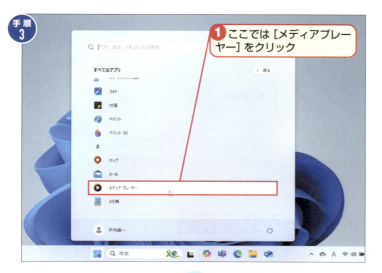

アプリが起動した

手順 3　アプリ一覧が表示された

すべてのアプリが表示されました。Windows10のユーザーにおなじみのアプリの一覧表示で、アプリの探し方や起動方法も同じです。
はじめて使うユーザーは戸惑うかもしれませんが、アプリが縦に一覧表示されているので、画面をスクロールさせて目的のアプリを探します。
ここで、「メディアプレーヤー」アプリを探してクリックします。

手順 4　アプリ「メディアプレーヤー」が起動した

スタートメニューで選択した「メディアプレーヤー」アプリが起動しました。なお、アプリを起動するとスタートメニューは自動的にデスクトップから消えます。
別のアプリを起動するときは、[スタート] ボタンから始めてください。

Windows11のアプリを起動して使ってみよう

便利技　タスクバーからアプリを起動する

　タスクバーに表示されているアプリのアイコンをクリックしてアプリを起動することもできます。ただし、起動できるのは表示されているアプリに限ります。また、ここに表示するアイコンの数を増やしすぎると、操作性が低下します。

▲タスクバーのEdgeアイコンをクリック

77

SECTION キーワード ▶ ストアアプリ／ピン留め済み／アンインストール

23 不要なストアアプリを消す（アンインストール）

不要になったストアアプリを消すことを「アンインストール」と呼びます。アンインストールしたストアアプリは、スタートメニューからアイコンが消えます。なお、デスクトップアプリは原則的にはスタートメニューでのアンインストールはできません。注意してください。

不要なストアアプリをパソコンから消す

手順1

① [スタート] ボタンをクリック
スタートメニューが表示された
② [すべて] をクリック

 手順1 [スタート] ボタンを選択

[スタート] ボタンをクリックしてスタートメニューを表示し、「すべて」を選択します。

 時短 スタートメニューを表示

[Windows] キー

 裏技 マウスなしでアプリを起動する

[Windows] キーを押すとスタートメニューが表示されます。そこで [Tab] キーを押すと、ピン留め済みアプリの先頭が選択されます。あとは、[↑] [↓] キーでアプリを選択し、[Enter] キーで起動します。

手順2

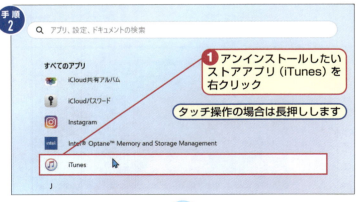

① アンインストールしたいストアアプリ (iTunes) を右クリック
タッチ操作の場合は長押しします

 手順2 アプリの一覧が表示された

アンインストールしたいストアアプリを右クリックします。

78

手順3 メニューが表示された

コンテキストメニューが表示されたので「アンインストール」をクリックします。

 便利技 アプリを再インストールするには

アンインストールしたアプリを再インストールするには、Microsoft Storeを起動して、[インストール]ボタンを再びクリックしてください。

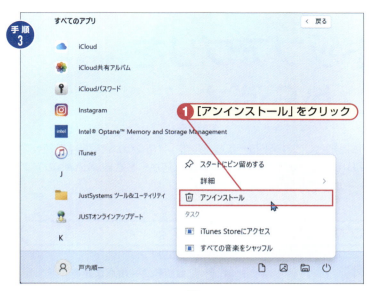

① [アンインストール] をクリック

① [アンインストール] ボタンをクリック

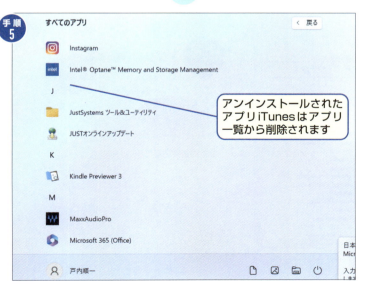

アンインストールされたアプリiTunesはアプリ一覧から削除されます

 メモ 設定からアンインストール

「設定」からもアプリをアンインストールできます。手順は「設定」→「アプリ」→「アプリと機能」でアプリを選択してアンインストールです。

手順4 確認メッセージが表示された

メッセージを確認しましょう。アプリの間違いなどがなければ[アンインストール]ボタンをクリックします。

手順5 アンインストールが実行された

アプリが「アンインストール」(削除)されました。アンインストールされたアプリiTunesはアプリ一覧からも削除されています。

 メモ アンインストールしたアプリはどうなる

スタートメニューのアプリ一覧から消えるだけでなく、パソコンからアプリ本体も削除されます。

 便利技 スタートメニューのピン留め済みからアンインストールする

スタートメニューで目的のアイコンを右クリック(タッチ操作なら長押し→[…]ボタンをタップ)して表示されるメニューから「アンインストール」を選択して消します。

Windows 11のアプリを起動して使ってみよう

SECTION キーワード ▶ アンインストール／コントロールパネル／削除

24 デスクトップアプリを パソコンから消す

「デスクトップ」アプリは原則としてコントロールパネルの「プログラムと機能」を使って削除（アンインストール）します。デスクトップアプリは以前からあるWindowsのアプリ形式で、アンインストール手順も従来のスタイルです。

デスクトップアプリをアンインストールする

手順1 コントロールパネルを起動した

スタートメニューなどからコントロールパネルを開き、[プログラムと機能]をクリックします。

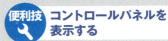

スタートメニューの「すべてのアプリ一覧」をスクロールして「Windowsツール」をクリックします。
その中の「コントロールパネル」をダブルクリックすれば、コントロールパネルが開きます。

手順2 アプリを選択する

プログラムの一覧をスクロールして、アンインストールするアプリケーションを探します。削除するアプリケーションをマウスでクリックします。選択しただけでは削除は開始されません。

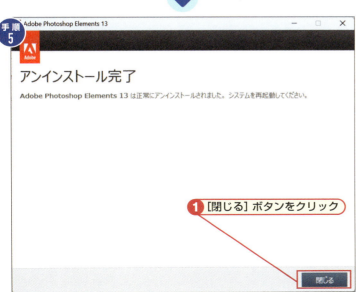

 アンインストールを選択する

選択しているアプリケーションをアンインストールするので、[アンインストール] をクリックします。

 独自のアンインストールプログラムがある

デスクトップアプリの中には、独自にアンインストールプログラムを用意しているものもあります。

 アンインストールが始まった

アンインストールの進行状況がプログレスバーで表示されるので、完了するまで待ちます。アンインストールに必要な時間はアプリケーションによって異なります。

 アンインストールする別の方法

「設定」→「アプリ」→「インストールされているアプリ」を選択し、アンインストールしたいデスクトップアプリの「…」をクリックして「アンインストール」を選択します。

 アンインストールが完了した

アプリケーションの完了画面が表示されます。ここで [閉じる] ボタンをクリックすれば、アンインストールは完了です。

 手順4以降はアプリにより異なる

手順3まではどのアプリでも同じですが、手順4以降はアプリにより進行や画面が異なります。

SECTION　キーワード ▶ スナップレイアウト／整列／ウィンドウ

25 アプリをスナップレイアウトで整列させる①

多くのアプリを起動すると、デスクトップ上ではアプリのウィンドウが重なってしまいます。そういう場合は、ウィンドウを整列させるとデスクトップがすっきりします。ここでは、ウィンドウを整列させる新機能「スナップレイアウト」の使い方を説明します。

3つのウィンドウを整列させる

手順1

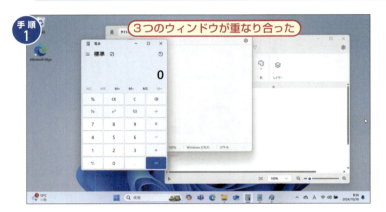

手順1　現在デスクトップ上に3つのウィンドウが表示されている

デスクトップに適当に起動した「電卓」アプリ、「メモ帳」アプリ、「ペイント」アプリのウィンドウが重なっています。アプリを起動していくと、このような感じでウィンドウが重なってしまいます。

メモ　ウィンドウの整列のパターン

ウィンドウの整列のパターンは下の4つのいずれかです。高精細ディスプレイを使うともう2つのパターンが追加されます。

手順2　ウィンドウを整列させる

Windows11の新機能ではバラバラに並んだウィンドウを整列させてくれます。「電卓」ウィンドウの右上にある「最大化」アイコンにマウスカーソルを合わせてください。
すると、整列を示す案が4パターン表示されました。「電卓」ウィンドウが左側に配置されるパターンをクリックします。

82

電卓がデスクトップの左側を使う位置に配置された

手順3

メモ帳が右側上半分を使う位置に配置された

手順4

1 [メモ帳]ウィンドウをクリック

ペイントが右下に収まり、3つのウィンドウが整列した

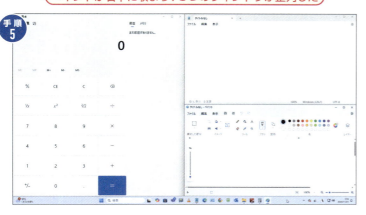

手順5

1 [ペイント]ウィンドウをクリック

 手順3　最初のウィンドウが整列した

画面の表示が切り替わり、「電卓」ウィンドウはデスクトップの左側半分を使う位置に表示されました。
そして、画面右側は上下に分割され、配置先が未定の「メモ帳」ウィンドウと「ペイント」ウィンドウが上の領域に表示されてます。
メモ帳を右側の上に配置するので、「メモ帳」ウィンドウをクリックしてください。

 手順4　2番目のウィンドウが整列した

画面の右側の上に「メモ帳」ウィンドウが表示され、2つのウィンドウの配置が決まりました。
右側の下に小さく「ペイント」ウィンドウが表示されているので、画面の右下に「カレンダー」ウィンドウを配置してみましょう。
右下に表示されている[カレンダー]ウィンドウをクリックしてください。

 手順5　ペイントがデスクトップの右下に表示される

右下の領域に「ペイント」ウィンドウが表示され、3つのアプリのウィンドウが整列しました。

 スナップレイアウトを使う

「スナップレイアウト」を適用したアプリでは、タスクバーのプレビューにスナップグループが現れます。ウィンドウを最小化したり、ウィンドウが隠れたときに、タスクバーからスナップグループを選んで元の状態を再現できます。

SECTION ▶ キーワード ▶ スナップレイアウト／ウィンドウ／レイアウトバー

26 アプリをスナップレイアウトで整列させる②

大型アップデート（22H2）以降では前、SECTIONで説明した方法に加えて、レイアウトバーを使った新たな「スナップレイアウト」を利用できます。お好みで使いやすいほうを使ってください。

レイアウトバーで3つのウィンドウを整列させる

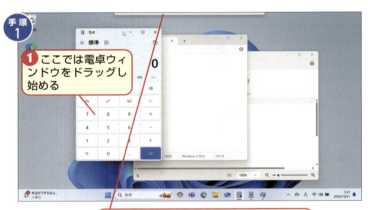

手順1　ウィンドウをドラッグする

ウィンドウのタイトルバーをドラッグし始めると、画面の上端にレイアウトバーが表示されます。

便利技　レイアウトバーを表示する

ウィンドウのタイトルバーをマウスまたは指でドラッグすると、画面の上端にレイアウトバーが表示されます。
マウスのボタンまたは指を離すと、レイアウトバーは消えます。

手順2　ウィンドウをレイアウトバーに重ねる

ウィンドウをレイアウトバーに重ね合わせると、レイアウト一覧が表示されます。ここから目的のレイアウトおよびレイアウト内の位置を選択します。

便利技　タスクビューでスナップグループを選択する

[Win] + [Tab] キーでタスクビューを表示すると、スナップグループが候補として表示されます。

手順3 右上に表示するウィンドウを決定する

電卓ウィンドウが左に表示されます。そこで、右上に表示したいウィンドウをクリックします。
ここでは、例として「メモ帳」をクリックします。

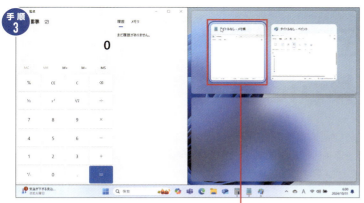

❶ ここではメモ帳をクリック

> **メモ スナップの候補に[Edge]タブを表示**
>
> スナップレイアウトでウィンドウを選択する際に、[Edge]のタブを候補として選択可能になりました。

手順4 右下に表示するウィンドウを決定する

右上にはメモ帳のウィンドウが表示されました。右下にはペイントのウィンドウしか残っていないので、ペイントをクリックします。

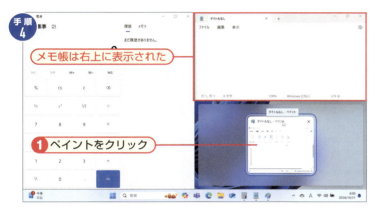

メモ帳は右上に表示された

❶ ペイントをクリック

手順5 全部決定する

ペイントをクリックすると、ペイントは右下に表示されます。これで、すべてのウィンドウの配置が決定しました。

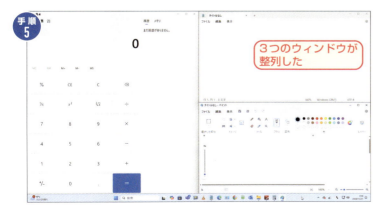

3つのウィンドウが整列した

> **便利技 数字キーでレイアウトを決定する**
>
> ウィンドウが表示されているときに[Windows]+[Z]キーを押すと、レイアウトの一覧が数字と共に表示されます。この数字を入力することにより、レイアウトやレイアウト内の位置を選択することができます。この方法では、キーボードから手を離さずにウィンドウのレイアウトを設定することができます。

SECTION　キーワード ▶ アプリ／ピン留め／タスクバー

27 アプリをすぐに使えるようにする

アプリはタスクバーにピン留めすることができます。ピン留めされたアプリは、デスクトップ画面から起動できるようになります。アプリの利用頻度を考えて、毎日利用するアプリだけをタスクバーにピン留めしましょう。

アプリをタスクバーにピン留めする

手順1

手順1　[スタート]ボタンを選択する

[スタート]ボタンをクリックしてスタートメニューを表示します。
スタートメニューが表示されたら「すべて」をクリックします。

　スタートメニューを表示

[Windows]キー

手順2

手順2　アプリの一覧が表示された

アプリの一覧が表示されます。一覧をマウスのホイールやキーボードからの操作で上下にスクロールして、アプリを探します。

　スタートメニューの違い

スタートメニューは、パソコンによって表示される項目が異なります。本書掲載のスタートメニューはその一例です。読者が操作するパソコンの画面表示が異なっていても、操作手順に違いはありません。

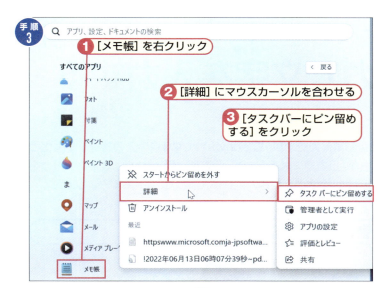

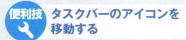

手順 3 アプリを選択してメニューが表示された

アプリ一覧の「メモ帳」を右クリックします。
メニューが表示されるので、「詳細」にマウスカーソルを合わせます。
さらにメニューが表示されるので、「タスクバーにピン留めする」をクリックします。

 便利技 タスクバーのアイコンを移動する

タスクバー内を左右にドラッグすることで、並び順を変えられます。

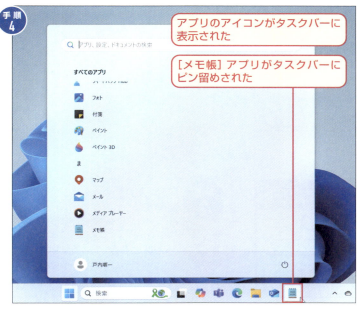

手順 4 ピン留めされたことを確認する

ピン留めをしたアプリのアイコンがタスクバーに表示されました。
ここでの操作では、[メモ帳] アプリがタスクバーにピン留めされています。

便利技 スタートメニューからピン留めする

スタートメニューでアプリを右クリックし、表示されるメニューから「タスクバーにピン留めする」をクリックします。
タッチ操作の場合は、アプリを長押しして「タスクバーにピン留めする」を選択します。

 裏技 タスクバーからピン留めを外す

タスクバー上にあるアプリのアイコンを右クリック（長押し）し、表示されるメニューから「タスクバーからピン留めを外す」を選択すると、ピン留めを解除できます。

SECTION

キーワード ▶ 音声入力／文字／改行

28 音声入力で文字を入力する

Windows10からあった音声入力ですが、Windows11では「音声入力機能」が強化されました。大きな強化点が「日本語に対応」したことです。メモ帳やWordで文字入力をするときに、キーボード入力の代わりに音声入力が使えるので、使用してみましょう。

メモ帳に音声で文字を入力する

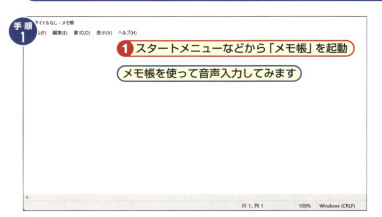

手順1 メモ帳を起動する

タスクバーの[スタート]ボタンをクリックし、スタートメニューの「すべてのアプリ」をクリックします。表示される一覧から「メモ帳」をクリックします。

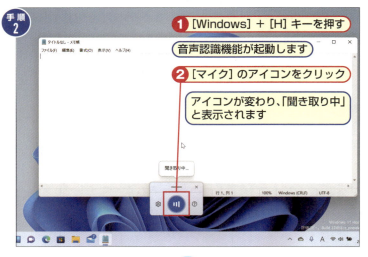

手順2 「音声入力」ツールを起動する

メモ帳が起動したので、これまでならキーボードから文字入力を行うところですが、ここでは音声入力を行うので、[Windows]＋[H]キーを押してください。音声入力機能が起動します。「マイク」アイコンをクリックしてアイコンが変化すると「聞き取り中」と表示されパソコンのマイクで音声を聞き取ります。

 便利技 自動でマイクを表示する

設定で「音声入力起動ツール」をオンにすれば、メモ帳などの起動時に自動で音声入力ツールが起動します。

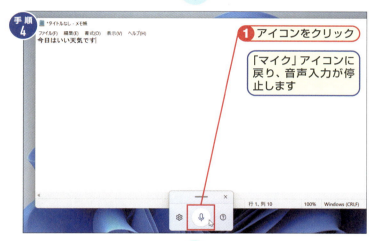

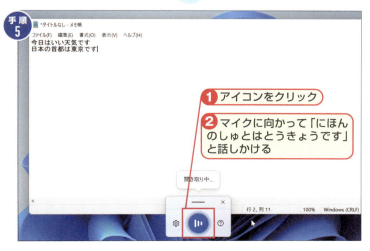

声を出してしゃべる

パソコンに装備されているマイクに向かって「きょうはいいてんきです」と話してください。

しゃべった言葉がメモ帳に「今日はいい天気です」と入力され、表示されるはずです。

誤認識された場合

残念ながらしゃべった言葉が誤認識された場合は、キーボードを使って手で直す必要があります。

一時停止する

音声入力機能の青いアイコンをクリックします。これで、音声の聞き取りが停止して「マイク」アイコンに変わりました。

もう一度「マイク」アイコンをクリックすると、アイコンが青丸に変わり、「聞き取り中」になります。

改行する

文章の中で改行を行いたいときは、「かいぎょう」としゃべると改行されます。句読点は「くてん」、「とうてん」と話すと入力することができます。

音声入力を続ける

マイクに向かって「にほんのしゅとはとうきょうです」と話しかけると、メモ帳に「日本の首都は東京です」と表示されます。アイコンを再びクリックすると、聞き取りが停止します。

句読点の自動入力

設定で「句読点の自動入力をオン」にすると、声が途切れた時点で自動的に句読点が入力されるようになります。

SECTION **キーワード ▶ 日本語／IME／半角／全角**

29 日本語を入力する

スマートフォンで日本語を素早く入力できる人もいますが、一般的にはキーボードが使えるパソコンのほうが日本語の入力が楽だといわれています。ただし、正しい日本語入力がわかっていないと素早い入力ができません。そこで、日本語入力の基本を説明します。

IMEを有効にする

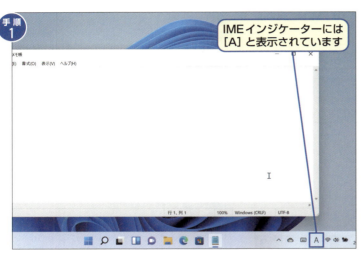

 IMEが無効なことを確認する

Windows11が日本語を入力できる状態なのか確認してみましょう。この例では、タスクバーの右側に表示されているIMEインジケーターには［A］と表示されています。これは、キーボードが英字入力のモードであることを示しています。日本語モードに切り替えましょう。

 日本語入力にはIMEが必要

日本語を入力するには、「かな漢字変換」という作業が必要です。Windows11には「MS-IME」が付属しています。

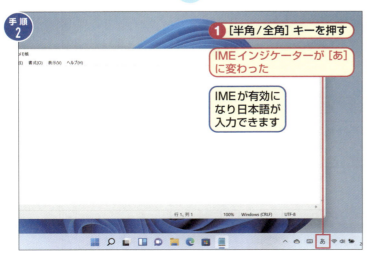

 IMEを有効にする

キーボードの［半角／全角］キーを押してください。
これで、英語（半角）モードから日本語（全角）モードに切り替わります。タスクバーのIMEインジケーター表示が［あ］になり、「IME」が有効となって日本語の入力ができる状態になります。

日本語を入力する

 読みを入力する

ローマ字入力を使って「にほん」と日本語を入力してみましょう。
キーボードから [N] キー [I] キー [H] キー [O] キー [N] キー [N] キーの順に押してください。
読みの下に候補が一覧表示されました。

 最初の変換を行う

キーボードの [スペース] キーを押してください。
最初の候補漢字に変換されて表示されます。

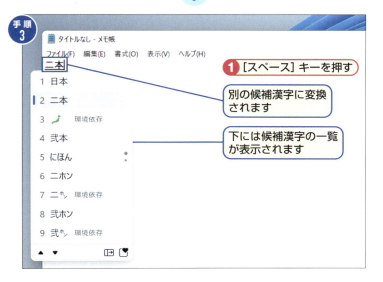

 2回目の変換を行う

[スペース] キーを押してください。別の候補漢字に変換されます。そして、その下に候補漢字の一覧が表示されます。

 IME を切る

IME が有効な状態で [半角/全角] キーを押すとIMEが無効になります。

 2回目の変換を行う

「二本」と表示されたので [Enter] キーを押します。これで、[N] [I] [H] [O] [N] [N] →「にほん」→「日本」→「二本」と確定しました。

Windows 11 のアプリを起動して使ってみよう

少し長い文を入力する

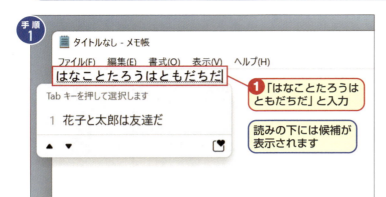

 長い読みを入力する

単語の入力ができたので、少し長い文を入力してみましょう。
キーボードから「はなことたろうはともだちだ」と入力してください。なお、キー入力は「ローマ字入力」と「かな入力」のうち、使いやすいほうで試してみてください。
読みの下には候補が表示されます。

 最初の変換をする

「はなことたろうはともだちだ」と入力できたら［スペース］キーを押して、読みをかな漢字変換しましょう。

 日本語を入力する手順

日本語を入力するには、次の3つの手順を踏みます。
①読みを入力する
　読みの入力方法には、「ローマ字入力」と「かな入力」があります。
　ローマ字入力の場合は、英字キーを使ってローマ字で読みを入力します。例えば、「き」と入力したい場合は、［K］キーと［I］キーを順に押します。
かな入力の場合は、キーボードの［カタカナひらがな］キーを押した上で、読みを入力します。例えば、「き」と入力する場合は［き］キーを押します。

②かな漢字変換する
　読みを入力したあと、［スペース］キーを押すと、「かな漢字変換」されます。［スペース］キーを押すたびに別の候補漢字に変換されます。
　なお、［スペース］キーの代わりに［変換］キーを押しても同じ動作になります。
③確定する
　正しく「かな漢字変換」されたら、［Enter］キーを押して確定します。
　いったん確定した文字は、変換し直すことができません。もし、間違えて確定したら、［Backspace］キーまたは［Delete］キーで確定文字を削除して、①からやり直してください。

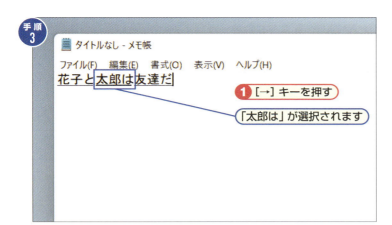

 2番目の文節を選択する

2番目の文節を選択するので、キーボードの[→]キーを押してください。「太郎は」の下線が太くなり、選択されました。

 文節を移動する

複数の文節からなる文をかな漢字変換した場合は、[→]や[←]キーを使って、文節を移動することができます。このとき[スペース]キーを押すと、選択している文節だけが変換の対象となります。

 2番目の文節を変換する

「たろう」を再変換するので、[スペース]キーを押してください。
候補漢字が表示されました。ここでは「太朗」としたいので、2行目の漢字を選択します。

 入力モードを変更する

IMEインジケーターの「あ」の部分をマウスで右クリックすると、入力モードとして「ひらがな」、「全角カタカナ」、「全角英数」、「半角カタカナ」、「半角英数」のいずれかに変更できます。
例えば、入力モードとして「半角英数」を選択するとIMEインジケーターには「A」と表示され、この状態で入力した文字は、はじめから半角英数になります。

 文を確定する

「はなことたろうはともだちだ」を「花子と太朗は友達だ」と変換できたので、[Enter]キーを押して文全体を確定します。

カタカナや英字を入力する

手順 1 読みを入力する

ここでは、ローマ字入力で、「とうきょう」と入力してください。
読みの下には候補が一覧表示されます。

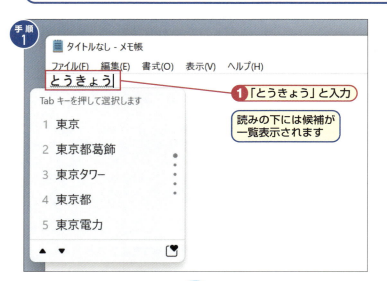

便利技 カタカナに変換する

全角カタカナは候補漢字の中に含まれているので、[スペース] キーを何回か押してカタカナに変換できます。

手順 2 全角カタカナに変換する

[スペース] キーを使わず、ダイレクトに全角カタカナに変換してみます。
キーボードの [F7] キーを押してください。
全角カタカナで表示されました。

手順 3 半角カタカナに変換する

続いてキーボードの [F8] キーを押してください。半角カタカナで表示されました。

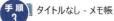

メモ 「ローマ字入力」と「かな入力」の違い

「かな入力」のほうがキーを打つ回数が少なくて済みますが、ローマ字入力のほうが覚えるキーの数が少なくて済むので、初心者はローマ字入力のほうが速くキー入力することができます。

手順4 全角英字に変換する

次は［F9］キーを押してください。全角英字で表示されました。

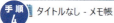

手順5 半角英字に変換する

ここでは、［F10］キーを押してください。半角英字で表示されます。

手順6 ひらがなに戻す

［F6］キーを押してください。ひらがな表示になりました。

メモ ［変換］キーも使える

［スペース］キーの右隣にある［変換］キーも［スペース］キーと同様の働きをしますが、［スペース］キーのほうが大きくて押しやすいので、［スペース］キーのほうがおすすめです。

時短 「ファンクション」キーでカタカナや英字に変換する

　ひらがなを入力したあとで、ファンクションキーの［F7］～［F10］キーを押すと、カタカナや英字に変換することができます。
　［F6］キーを押すと、元のひらがなに戻ります。

・［F6］キー‥‥ひらがなに戻す
・［F7］キー‥‥全角カタカナに変換する
・［F8］キー‥‥半角カタカナに変換する
・［F9］キー‥‥全角英字に変換する
・［F10］キー‥‥半角英字に変換する
　［F9］や［F10］キーを連続して押すと、「英大文字」、「英小文字」、「先頭文字のみ英大文字」の順に変化していきます。

SECTION キーワード ▶ 保存／ファイル／ファイル名

30 メモ帳で作成した文書を保存する

「メモ帳」アプリを使って文章入力の練習をしてみました。このままメモ帳を終了すると入力した文字が消えてしまうので、入力した文書を保存してみましょう。ここでは、アプリで作成したデータをファイルとしてWindows11に保存する手順を説明します。

ニュースをファイルとして保存する

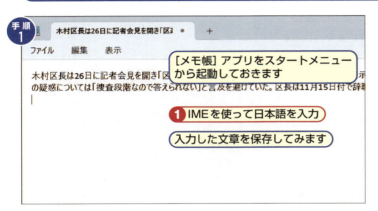

 文書を作成する

スタートメニューから「すべてのアプリ」をクリックし、アプリの一覧から［メモ帳］アプリを探して起動してください。
メモ帳が開いたら、キーボードの［半角/全角］ボタンを押してIMEを日本語モードとし、日本語で文章を適宜入力してください。入力内容が手順の画面と違っていても、保存操作には影響しません。

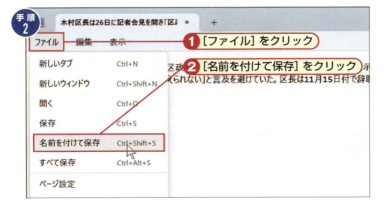

 保存のメニューを選択する

文書の保存とは、入力した文章をファイルとしてパソコンのHDDやSSD、OneDriveに記録保管することです。ファイルとして保存しておけば、そのファイルを開くことで、文章の入力を再開できます。
メモ帳の左上にある「ファイル」をクリックしてください。メニューが表示されるので「名前を付けて保存」をクリックしてください。

 上書き保存

文書を読み込んだあと、名前を変えないで保存するには「上書き保存」を選択します。

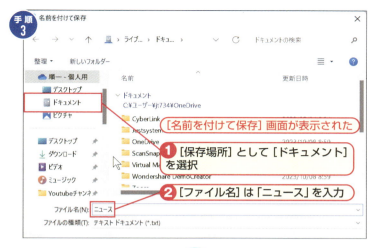

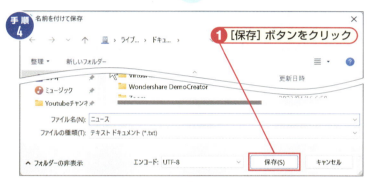

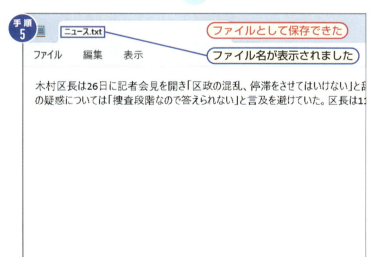

保存場所とファイル名を指定する

「名前を付けて保存」画面が表示されました。どのアプリでも「ファイル名を付けて保存」を選ぶとこの画面が表示されます。
ここでは、「保存場所」として「ドキュメント」を選択します。「ドキュメント」はWindows11に最初からあるフォルダーで、名前のとおり文章などのドキュメントファイルを保存する場所です。この文書の「ファイル名」は「ニュース」と入力しました。
ファイル名は文書の内容や用途がわかる名前を付けるようにしましょう。

保存する

「保存場所」と「ファイル名」の入力ができたら、[保存] ボタンをクリックしてください。ここまで入力した文章が、ファイルとして「ドキュメント」フォルダーに保存されます。

ファイル名の最大長

ファイル名の最大長はパス名を含めて256文字です。

保存された

「名前を付けて保存」でファイルを保存しても、メモ帳はそのまま使えます。メモ帳の左上が「木村区長は…」（文書の冒頭）から「ニュース.txt」（拡張子を表示しない設定の場合は単に「ニュース」）というファイル名に変わりました。

拡張子とは

ファイル名のピリオドの右は拡張子と呼ばれ、ファイルの種類を表します。メモ帳の場合、ファイルの拡張子は通常「.txt」になりますが、アプリによって標準の拡張子は異なります。

Windows 11のアプリを起動して使ってみよう

SECTION **キーワード ▶ コントロールパネル／設定／ディスプレイ**

31 いろいろな設定を行う

「コントロールパネル」や「設定」では、Windows11のさまざまな設定を行うことができます。Windows11の使いにくいところを自分の好みに合わせて変更することもできます。Windows11をカスタマイズする場合、「設定」から設定値を変えて使うことが推奨されています。

コントロールパネルを起動する

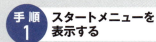 **スタートメニューを表示する**

[スタート] ボタンをクリックしてスタートメニューを表示します。
スタートメニューが表示されたら「すべて」をクリックしてください。

 スタートメニューを表示

[Windows] キー

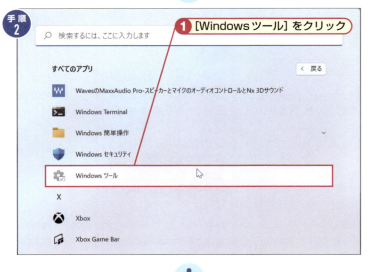

 アプリ一覧が表示された

すべてのアプリをスクロールして「Windowsツール」を探してください。「Windowsツール」はWで始まるので、スクロールしないと見つかりません。見つかったら、「Windowsツール」をクリックします。

 「設定」と「コントロールパネル」の違い

「コントロールパネル」は初期のWindowsから長く引き継がれているものです。「設定」はWindows10で追加されたものです。重複する機能もあれば独自の機能もあります。基本は「設定」を使い、設定にない機能は「コントロールパネル」を使うとよいでしょう。

Windowsツールの一覧が表示された

Windowsツールの一覧から「コントロールパネル」を探します。この表示ではWindowsツールの一覧は左右にスクロールします。「コントロールパネル」を見つけたら、ダブルクリック（マウスの左ボタンを続けて2回クリック）します。

📖 **アイコン表示**

本書では説明の都合で「カテゴリ」表示ではなく、「大きいアイコン」表示を採用しています。読者が利用するときは、使いやすい表示を選択してください。
アイコン表示ならタッチ操作も簡単です。

コントロールパネルが起動した

紙面のようにコントロールパネルがウィンドウ表示されたら、次の手順に進んでください。ここでは表示を確認するだけです。

 コントロールパネルをスタートメニューから起動する

コントロールパネルは使用頻度が高いので、スタートメニューやタスクバーにピン留めしておけば、すぐに起動できるようになります。ピン留めをおすすめします。

大きいアイコン表示に変えた

ウィンドウ右上の表示方法の「∨」をクリックします。
ドロップダウンメニューが表示されるので、［大きいアイコン］をクリックして表示サイズを変更します。
これで、「すべてのコントロールパネル項目」が、「大きいアイコン」で表示されました。

設定画面を使ってみよう

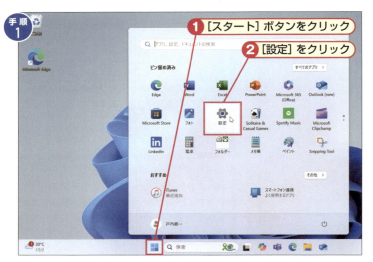

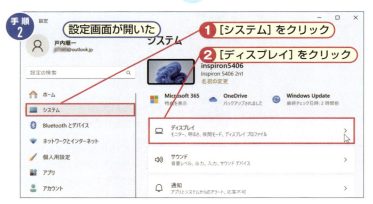

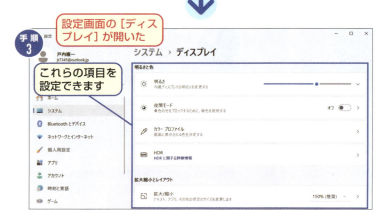

手順1 スタートメニューが開いた

[スタート]ボタンをクリックしてスタートメニューを表示します。
スタートメニューが開いたら[設定]をクリックします。
Windowsの操作開始は、[スタート]ボタンからが基本になります。

便利技 コントロールパネルのショートカットを作る

前ページの手順3の画面でコントロールパネルをデスクトップ画面にドラッグすると、コントロールパネルのショートカットをデスクトップに作ることができます。

手順2 設定画面が開いた

「設定」画面が開きました。左側の項目から「システム」を探してクリックします。中央の表示から「ディスプレイ」をクリックします。これで、ディスプレイの設定画面に切り替わります。

メモ 設定を検索する

設定画面の検索ボックスに文字を入力すると、設定内を検索することができます。

手順3 ディスプレイを設定する

「設定」画面の「ディスプレイ」が表示されました。ディスプレイに関する項目をここで設定することができます。

裏技 設定を素早く起動する方法

タスクバー右端近くのスピーカーインジケーターをダブルクリックすると、設定を起動することができます。

4章

Copilot in Windowsを
使ってみよう

Windows11の大型アップデート（23H2）にともなって、Copilot in Windowsが導入されました。Copilotは副操縦士という意味です。機長ではないものの、（機長はWindowsユーザーであるあなた自身です）Windowsを操作する上で重要な役割を果たしてくれます。Copilot in Windowsを使うことにより、今まで以上にWindowsを容易に操作できるようになるでしょう。

SECTION

キーワード ▶ Copilot in Windows

32 Copilot in Windowsの特徴

Copilot in Windowsは、OpenAIが開発したChatGPTをベースとする対話型インターフェイス機能で、さまざまな特徴があります。なお、Copilotは23H2ではOSに組み込まれていたのですが、24H2になって、1つのアプリとして独立しました。

Windows11の操作手順を知る

Copilotの特徴は、何といっても自然言語でWindowsの操作手順を尋ねられることです。例えば、「画面をダークモードにするには」と指示すれば、画面をダークモードにする手順を教えてくれます。なお、23H2では一部の操作を行うことができたのですが、24H2では一切の操作を行うことができなくなりました。

日本語などの自然言語による情報検索ができる

ChatGPTのような情報検索機能も備えています。例えば、「日本一高い山は？」と問えば、「富士山です。……」と答えてくれるわけです。ただし、Copilotは基本的にWebページなどから収集した情報を切り貼りして、より自然な文章にして回答しているだけなので、常に正しいという保証はないことに要注意です。

画像を生成できる

Edgeのサイドバーで提供されている画像生成AI「Image Creator」機能も、Copilotのプロンプトで呼び出せるようになりました。画像のリンクを保存したり、名前を付けて画像を保存したりできます。

画像で検索できる

画像ファイルをプロンプトにドラッグ＆ドロップすることで、画像を使った検索をすることができます。

Copilotの起動

手順1 タスクバーの Copilot ボタンを選択する

タスクバーにある Copilot ボタンをクリックします。

手順2 Copilotウィンドウが表示された

Copilotが起動し、Copilotウィンドウが表示されます。

メモ Copilotの起動方法

Copilotを起動するには、タスクバーにあるCopilotボタンをクリックするか、スタートメニューの [すべてのアプリ] からCopilotを選択します。

Copilotの終了

手順1 [×] ボタンをクリックする

Copilotウィンドウの [×] をクリックすると終了します。

SECTION

キーワード ▶ Copilot／会話スタイル

33 CopilotでWindowsの操作方法を知る

それでは、実際にCopilotを利用してみましょう。ここでは、例としてCopilotを使って画面をダークモードにする方法を尋ねます。

Copilot in Windowsを起動する

手順1

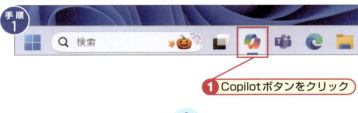

1 Copilotボタンをクリック

Copilotの画面が表示された

チャットボックス（質問入力欄）

画像をアップロード

 Copilotボタンを選択する

検索ボックスの右隣に表示されているCopilotボタンをクリックします。すると、Copilotの画面が表示されます。

 Copilotを起動する条件

Copilotを起動するには、MicrosoftアカウントでWindows11にサインインしておく必要があります。

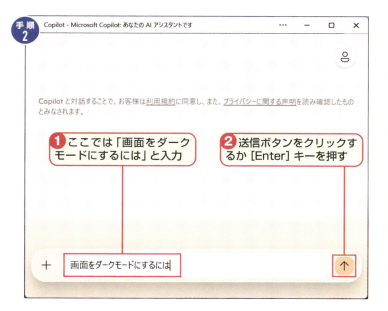

 プロンプトを入力する

画面のいちばん下のチャットボックスにプロンプト（質問文など）を入力します。

 音声入力もできる

マイクボタンをクリックして、音声入力をすることもできます。

 プロンプト内で改行する

プロンプト内で改行するには、[Shift]キーを押しながら[Enter]キーを押します。

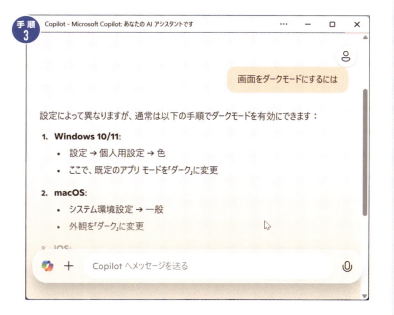

 ダークモードにする手順が表示された

左の画面のように、ダークモードにする方法が表示されました。

SECTION | キーワード ▶ Copilot プロンプト／検索

34 Copilotで情報を検索する

Copilot in WindowsはChatGPTのような情報検索機能も備えているので、Windowsに関すること以外でも質問に答えることができます。

YOASOBIの新曲について聞く

手順1
① ここでは「YOASOBIの新曲は」と入力
② 送信ボタンをクリックするか [Enter] キーを押す

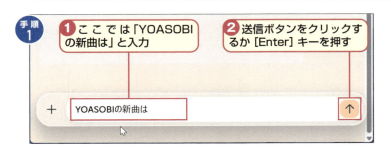

手順1 プロンプトを入力する

チャットボックスにプロンプトを入力します。ここでは「YOASOBIの新曲は」と入力します。

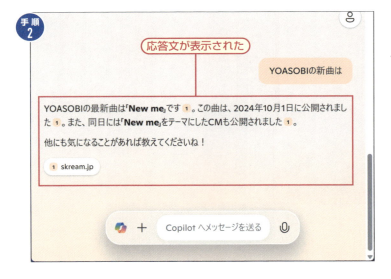

手順2 応答文が表示された

少し待つと、答えが文字で返ってきます。

 応答文の根拠が示される

応答文の根拠となる情報源が示されます。応答文の上の小さな数字をクリックすることにより、情報源が表示されます。

ほかの質問を入力する

ここでは「誰の作曲ですか」という追加のプロンプトを入力します。

> **メモ** 質問応答は通常、引き継がれる
>
> 質問応答は通常、前の質問応答を引き継ぐ形で行われます。最大30回まで引き継がれます。新しい話題に移りたいときには、Copilotボタンをクリックし、ホーム画面に戻ったら、時計のボタンをクリックし、「新しいチャットを開始」を選択します。

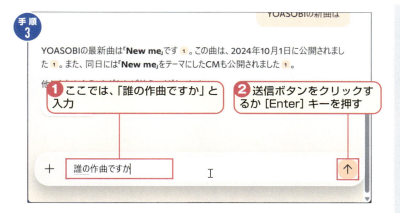

応答文が表示された

少し待つと左のような追加の応答文が表示されます。

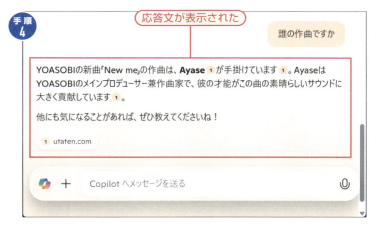

サインインする

右上の設定ボタンをクリックして、サインインすると、履歴や画像生成が有効になります。

107

SECTION キーワード ▶ Copilot／画像を生成

35 画像を生成する

Copilotを使うと画像を生成することができます。一度に1枚の画像を生成することができ、自分のPCにダウンロードすることも可能です。ここでは空飛ぶ猫を描いてみましょう。

空飛ぶ猫を描く

手順1

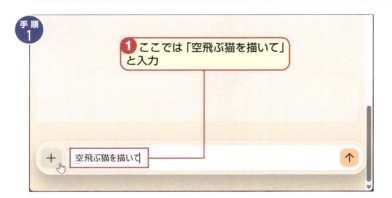

❶ ここでは「空飛ぶ猫を描いて」と入力

手順1 プロンプトに「〜を描いて」と入力する

「空飛ぶ猫を描いて」と入力します。

メモ イラスト風に描く

「〜をイラスト風に描いて」と入力すると、イラスト風の絵が生成されます。

便利技 写真検索もできる

手持ちの画像ファイルを読み込ませて、「この花の名前は」という質問をすることも可能です。

手順2 絵が描かれた

少し待つと画像が生成されます。

メモ アニメ風に描く

「〜をアニメ風に描いて」と入力すると、アニメ風の絵が生成されます。

便利技 イメージ通りにならなかった場合には

追加でプロンプトを入力してイメージに近づけましょう。

 次の画像を表示する

「次の画像を描いて」と入力すると、次の画像が描かれます。

 絵画風に描く

「〜を絵画風に描いて」と入力すると、絵画風の絵が生成されます。

 次の画像が表示された

次の画像が表示されました。

 日本人を描く

通常、人物としては外国人が描かれます。日本人を描きたい場合は、「日本人の」という言葉をプロンプトに加えます。

 画像を保存する

ダウンロードボタンをクリックすると、画像はダウンロードフォルダーに保存されます。

SECTION　キーワード ▶ Copilot／挨拶文

36 メールの挨拶文を書く

Copilotは、ビジネス文書の作成にも役に立ちます。ここではメールの挨拶文を教えてもらいましょう。

メールの挨拶文を知る

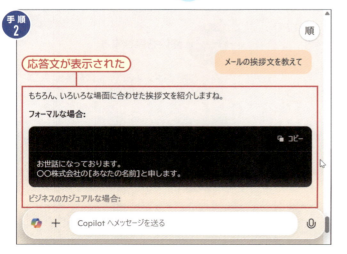

手順1 「メールの挨拶文を教えて」と入力する

ここでは、プロンプトに「メールの挨拶文を教えて」と入力します。

> **メモ　音声入力**
>
> 音声入力ボタンをクリックしてから音声入力することもできます。

手順2 応答文が表示された

ここではカジュアルな場合、フォーマルな場合、親しい相手の場合に分けて応答文が表示されました。

110

5章

エクスプローラーを使って
ファイル操作を覚えよう

Windows11では、Windows10のエクスプローラー上部にあったリボンUIが廃止され、代わりにシンプルなツールバーが採用されました。上部には「切り取り」、「コピー」、「貼り付け」、「名前の変更」、「共有」、「削除」などのボタンが並び、横方向に表示しきれないコマンドは「…」をクリックすることにより選択できるようになりました。また、22H2アップデート以降では、タブ機能も使えます。

SECTION

キーワード ▶ エクスプローラー／ツールバー／アドレスバー

37 ファイルを操作してみる

「エクスプローラー」は、Windows11でファイルやフォルダーを操作するときに必ず使うものです。ここでは、使い方と機能を説明します。本書ではエクスプローラーをほぼ標準設定で使用していますが、ファイル名だけは拡張子を表示する設定（SECTION39参照）にしているのでご注意ください。

エクスプローラーの使い方

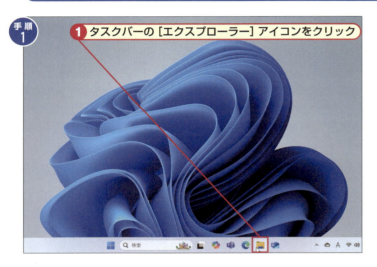

 タスクバーから起動する

デスクトップ画面の下に表示されたタスクバーから［エクスプローラー］アイコンをクリックします。［エクスプローラー］アイコンの位置は設定などで異なるので、よくアイコンを確認してください。

 エクスプローラーの起動

エクスプローラーの起動方法としては、タスクバーのアイコンから開くのが一般的です。
また、［スタート］ボタンを右クリックすることで表示されるメニューからも、エクスプローラーを起動できます。

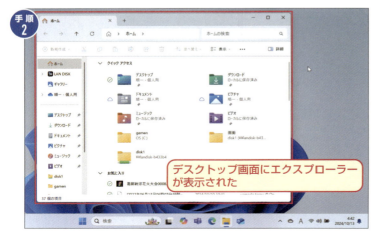

デスクトップ画面にエクスプローラーが表示された

 エクスプローラーが起動した

デスクトップ画面にエクスプローラーが表示されました。表示の内容はパソコンの設定や保存ファイルの数などによって変わるので、紙面と異なる場合もありますが、動作に影響はありません。

112

エクスプローラー画面の見方

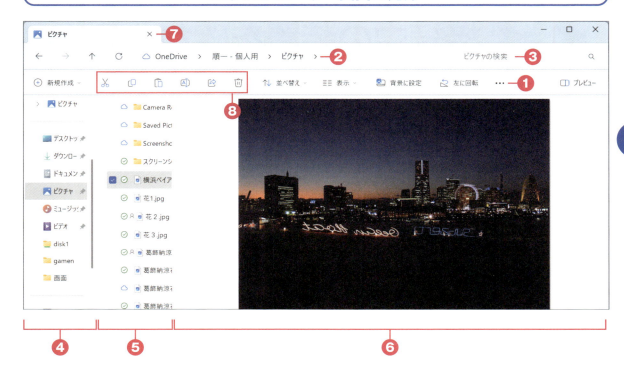

❶ ツールバー
アイコンをクリックすると対応する機能が実行されます。

❷ アドレスバー
選択しているドライブやフォルダーのアドレスが表示されます。

❸ 検索ボックス
選択しているフォルダー／ドライブ内のファイルやデータを検索できます（SECTION48参照）。

❹ ナビゲーションウィンドウ
PCやネットワークのフォルダー類の一覧が表示されます。上部（クイックアクセス）には、アクセス履歴に基づき、よく使用するフォルダーや最近使用したファイルが表示されます。

❺ ファイルリスト
ナビゲーションウィンドウで選択しているフォルダーに含まれるファイルの一覧が表示されます。表示の方法も選択することができます。

❻ 詳細ウィンドウ／プレビューウィンドウ
ファイルリストで選択しているファイルの詳細あるいはプレビューが表示されます。

❼ タブ
「＋」をクリックすると新しいタブが開きます。

❽ 機能ボタン
左から「切り取り」、「コピー」、「貼り付け」、「名前の変更」、「共有」、「削除」のアイコンが並びます。

エクスプローラーを使ってファイル操作を覚えよう

SECTION キーワード ▶ 記憶装置／USB／SSD

38 接続中の装置を確かめる

Windows11パソコンにどのような記憶装置（ハードディスク、光学ドライブ、SSD、メモリなど）が接続されているかを調べるには、「PC」を使います。ここでは、エクスプローラーの「PC」を使って各装置を確認してみましょう。

パソコンのファイルやフォルダーを見る

手順1

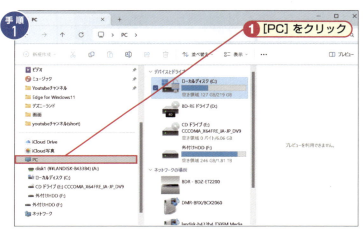

❶ [PC] をクリック

手順2

PCの内容が表示されます

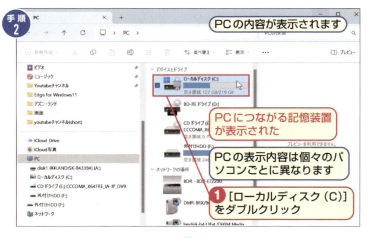

PCにつながる記憶装置が表示された

PCの表示内容は個々のパソコンごとに異なります

❶ [ローカルディスク (C)] をダブルクリック

エクスプローラーを起動する

エクスプローラーを起動してください。ナビゲーションウィンドウに見える [PC] をクリックしてください。

PCとは

PCにつながるハードディスク（HDD）やSSD、光学ドライブ、USBメモリ、SDメモリ、クラウドサービスなどの記憶装置が表示されます。
ハードディスクやSSD領域などの使用状況も表示されます。

「PC」の内容が表示された

エクスプローラーの「PC」をクリックすると、使っているコンピューターの内容が表示されます。
Windows標準のフォルダー、PCにつながった記憶装置、ネットワークでつながった機器も表示されます。なお、PCの表示内容は個々のパソコンによって異なります。表示に問題がなければ、[ローカルディスク(C)] をダブルクリックしてください。

Cドライブの内容が表示された

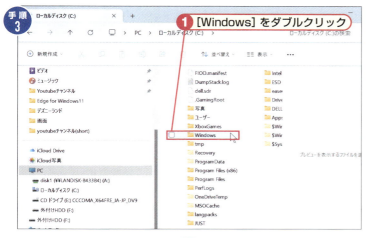

「ローカルディスク (C:)」の内容が表示されました。続いて「Windows」を探してダブルクリックします。

DVDの内容を見る

「DVD RWドライブ」等をクリックすると、DVDドライブに挿入されているDVDやCDの内容を見ることができます（メディアが入っている場合）。

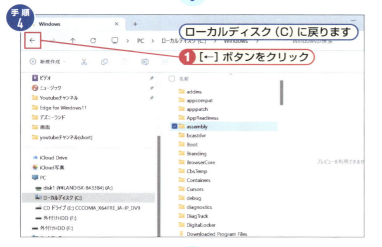

Windowsフォルダーの内容が表示された

フォルダーは階層構造になっています。「ローカルディスク (C:)」→「Windows」と移動してきました。「ローカルディスク (C:)」に戻るには [←] ボタンをクリックしてください。

USBメモリの内容を見る

エクスプローラーで「USBドライブ」をクリックすると、USBメモリの内容を見ることができます。

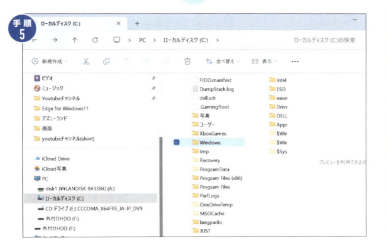

前のフォルダーに戻った

「Windows」から「ローカルディスク (C:)」に戻りました。再度 [←] ボタンをクリックすると、「ローカルディスク (C:)」から「PC」に戻ります。

デジタルカメラやスマートフォンの内容を見る

エクスプローラーでデジカメやスマホをクリックすると、内容を見ることができ、PCへ写真を転送することもできます。

115

SECTION **キーワード ▶ 拡張子の表示／詳細表示／アイコン表示**

39 見やすいファイル表示に変更する

コンピューター内にはフォルダーが複数あり、その中には多くのファイルが入っています。用途に合った表示型式にすれば、目的のファイルを見つけやすくなります。また、ファイルの種類が一目でわかる拡張子を表示する手順も説明しておきます。

ファイルの拡張子を表示する

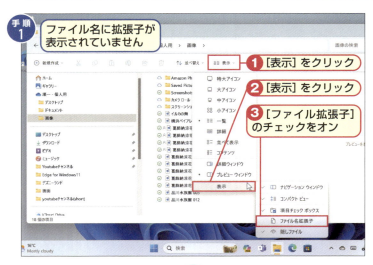

 拡張子の有無を確認する

ツールバーの「表示」をクリックするとメニューが表示されるので、「表示」をクリックします。下層のメニューで「ファイル名拡張子」をクリックして、チェックをオンにします。

メモ 拡張子

「test.txt」のように、ファイル名の末尾に付けられた「ピリオド＋数文字」の部分（例では「.txt」）を拡張子といい、ファイルの種類を表しています。

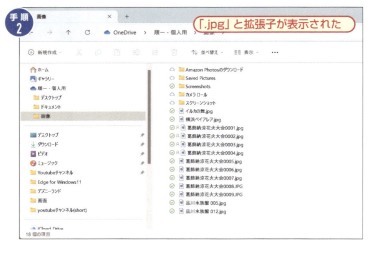

 拡張子が表示された

表示されるファイル名の表示形式が変わり、ファイル名に加えて「.jpg」などの拡張子が表示されるようになりました。

便利技 拡張子を表示しよう

Windows11の初期状態では、「拡張子」は表示されません。拡張子でファイルの種類がすぐにわかります。

一目でファイルの内容がわかる表示にする

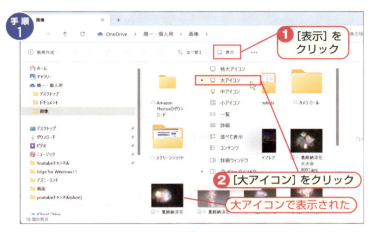

画像ファイルの内容が見られる「大アイコン」で表示する

最初にツールバーの［表示］をクリックし、表示されたメニューから「大アイコン」をクリックします。すると表示が変わり、ファイルやフォルダーが大アイコンで表示されます。

表示形式を変える

表示形式は、特大アイコン、大アイコン、中アイコン、小アイコン、一覧、詳細から選択できます。

全体の状況がつかみやすい「一覧」で表示する

全体の状況を見渡したいときは、それに適した表示にしましょう。ツールバーの［表示］をクリックし、表示されたメニューで「一覧」をクリックします。

ファイルを並べ替える

詳細表示では、ファイルを「名前順」、「更新日時順」、「サイズ順」に並べ替えたり、特定の種類のファイルだけを表示したりすることができます。

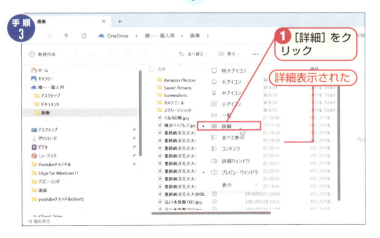

各ファイルの情報がわかりやすい「詳細」で表示する

ツールバーの［表示］をクリックし、表示されたメニューで「詳細」をクリックします。ファイルの大きさや作成日時などが表示されます。

メモ ファイルの情報を見る

ファイルやフォルダーにマウスカーソルを合わせると、情報（サイズ、作成日時など）がポップアップで表示されます。

SECTION ▶キーワード ▶フォルダー／戻るボタン／進むボタン

40 別のフォルダーに移動する

エクスプローラーの［←］［→］ボタンやアドレスバーを使って、フォルダーからフォルダーへと移動することができます。アドレスバーなら離れたフォルダーへ一気に移動することもできます。ここでは、エクスプローラーでフォルダー間を移動する手順を紹介します。

方向ボタンを使って移動する

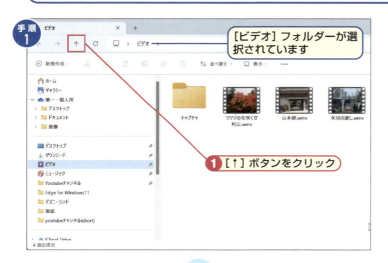

手順1　「ビデオ」フォルダーを表示

現在、「ビデオ」フォルダーが表示されています。［↑］ボタンをクリックします。

便利技　エクスプローラーの起動

タスクバーでエクスプローラーのアイコンをクリックします。

注意　［←］と［↑］

［←］は「1つ前にいたフォルダーへ戻る」、［↑］は「1つ上のフォルダーへ行く」です。

手順2　1つ上のフォルダーへ移動した

エクスプローラーに表示される内容が「ビデオ」フォルダーから1つ上の「デスクトップ」フォルダーに変わりました。続いて［←］ボタンをクリックします。

便利技　フォルダー名をクリックして一気に移動する

エクスプローラーでフォルダー名をクリックすると、フォルダーに移動します。

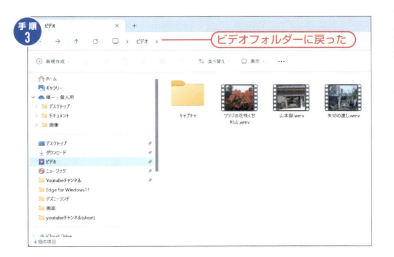

手順3 1つ前にいたフォルダーに戻った

「ビデオ」フォルダーが表示されました。これは、1つ前のフォルダーに戻ったことになります。階層化されたフォルダーを [←] や [→] ボタンで自由に移動できます。

便利技 下位のフォルダーを一覧表示する

アドレスバーに表示されるフォルダー名右の [>] ボタンをクリックします。

アドレスバーを使って移動する

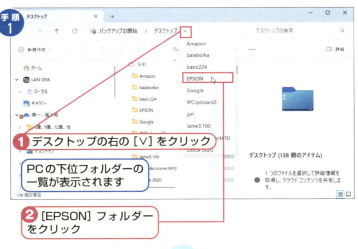

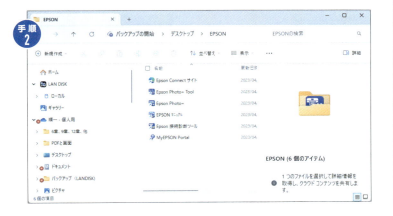

手順1 下位のフォルダーを表示する

アドレスバーの [∨] をクリックします。すると、PCの下位のフォルダーが一覧表示されます。表示された一覧から [EPSON] フォルダーをクリックします。

便利技 アドレスバーから直接移動

アドレスバーには、[PC] → [ミュージック] → [JAZZ] → [ピアノ] のように各フォルダー名が各階層順に表示されています。各フォルダー名はマウスで直接選択できます。例えば、アドレスバーに表示されているミュージックの部分をダブルクリックすると、表示されるフォルダーが「ミュージック」フォルダーに切り替わります。

手順2 「EPSON」フォルダーに移行した

この例ではフォルダーの階層が上位である「PC」から下位のフォルダーを表示したので、多くのフォルダーが表示されています。フォルダーの階層が下位となるフォルダーの場合は、表示されるフォルダーが少なくなります。

5 エクスプローラーを使ってファイル操作を覚えよう

SECTION キーワード ▶ フォルダーの作成／エクスプローラー

41 新しいフォルダーを作成する

Windows11を使っていると、いろいろなファイルが増えてきます。ファイルの数が増えると管理が大変になり、間違ったファイルを開くなどのミスも誘発されます。そこで、フォルダーを作ってファイルを整理しましょう。ここでは新たにフォルダーを作る手順を説明します。

新しいフォルダーを作ってみる

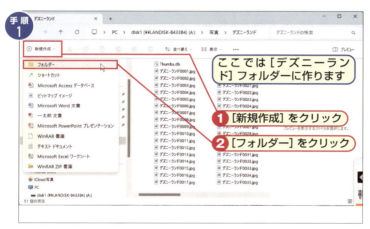

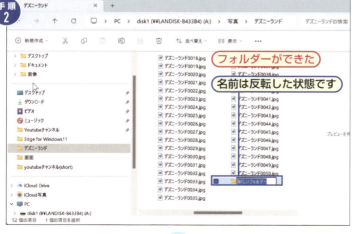

 「新規作成」を選択する

最初に、フォルダーを作る場所に移動してください。
ここでは「デズニーランド」フォルダーに作ります。「デズニーランド」フォルダーで「新規作成」をクリックするとメニューが表示されるので、「フォルダー」をクリックしてください。

 エクスプローラーの起動

タスクバーの「エクスプローラー」をクリックして開くのが簡単です。

 フォルダーが作成された

「新しいフォルダー」が増えました。
「新しいフォルダー」は、すぐに名前を変更できるよう、選択された状態（反転表示）で作られます。

フォルダーでファイルを整理する

フォルダーはファイルを分類して整理するときに非常に便利です。

120

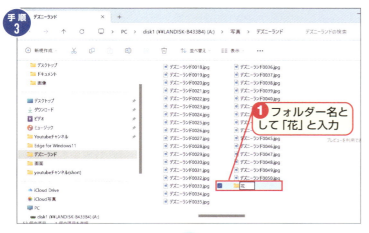

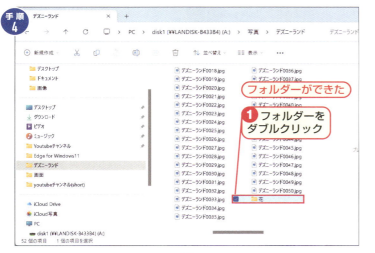

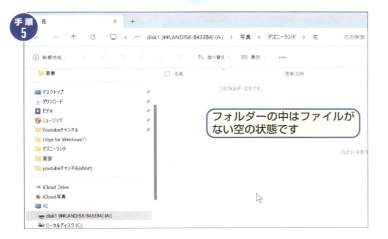

手順3 フォルダーの名前を入力する

「新しいフォルダー」は文字入力できる状態です。この状態のままフォルダー名を入力します。
ここでは例として「花」とキーボードから入力し、[Enter]キーを押します。

 便利技 あとからフォルダー名を変更する

フォルダーをクリックして選択したら、キーボードの[F2]キーを押すとフォルダー名の変更ができます。

手順4 フォルダーが完成した

中を確認しましょう。「花」フォルダーをダブルクリックしてください。フォルダーの中を見ることができます。

 時短 新しいフォルダーを作る

[Ctrl]+[Shift]+[N]キー

 便利技 ファイル保存時にフォルダーを作る

一般に、アプリで「ファイル保存」を選択したときに表示されるエクスプローラーでも、フォルダーを作ることができます。

手順5 新規作成したフォルダーの中は

「花」フォルダーを開きました。新規でファイルを作成したり、別のフォルダーからファイルをコピーしたりできます。

 注意 同名のファイルやフォルダーは作れない

同一フォルダ内のフォルダーやファイルには同名が使えないので、2個目からは「新しいフォルダー(2)」のように末尾に(番号)が付き、作った順に番号が増えます。

SECTION キーワード ▶ ファイル／フォルダー

42 ファイルやフォルダーを選択する

ファイルやフォルダーの削除や移動の際は、操作対象のファイルやフォルダーを選択する必要があります。フォルダー内に分散したファイルを［Ctrl］キーで選択する手順と、フォルダー内に並んだファイルを［Shift］キーで一気に選択する手順を説明します。

複数のファイルを個別に選択する

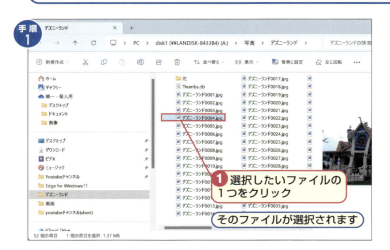

 最初のファイルを選択する

最初に、選択したいファイルの1つをクリックして選びます。選択したファイルは背景に色が表示されます。

裏技 隠しファイルを見る

隠しファイルを表示・選択するためには、「表示」→「表示」で「隠しファイル」チェックボックスをオンにします。

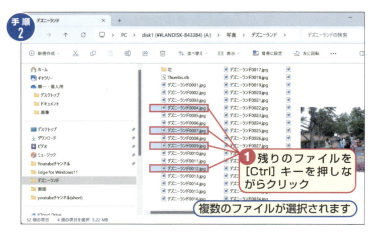

 残りのファイルを選択する

2つ目以降のファイルを選択するときは、キーボードの［Ctrl］キーを押しながらクリックします。この手順で複数のファイルを選択できます。

便利技 ファイルの選択を解除する

選択状態のファイルを［Ctrl］キーを押しながらクリックすると、そのファイルの選択が解除されます。
操作を繰り返せば、複数ファイルの選択を解除できます。

連続した複数のファイルを一気に選択する

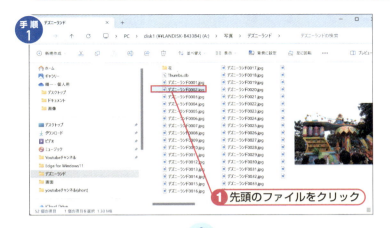

 先頭のファイルを選択する

ここでは、連続して並んでいるファイルを選択します。まず、先頭のファイルをクリックして選択します。背景に色が表示され、選択されます。

 **すべてのファイルを選択する**

フォルダー内の全ファイルを選択する場合は、[Ctrl]＋[A]キーを押してください。

 末尾のファイルを選択する

先頭のファイルが選択された状態で、末尾のファイルを、「[Shift]キーを押しながらクリックします。先頭と末尾の間のファイルがすべて選択されました。

 ファイルを追加選択する

選択したあとでも、[Ctrl]キーを押しながらファイルをクリックすれば、追加の選択ができます。

 チェックボックスを表示して選択する

[表示]→[表示]をクリックして「項目チェックボックス」をオンにすると、ファイル名の横にチェックボックスが表示されるようになります。

このチェックボックスをオンにする操作でファイルを選択することもできます。

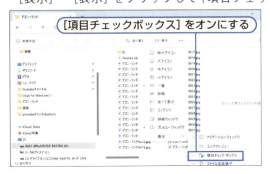

SECTION ▶キーワード ▶ごみ箱／ファイルの削除／ごみ箱を空にする

43 不要なファイルや フォルダーを削除する

現実のごみ箱にごみを捨てても、ごみはなくなりません。Windows11のファイルやフォルダーも、削除すると「ごみ箱」に入りますが、「ごみ箱」を空にするまで消えません。ここでは、「ごみ箱」を空にして完全にファイルを消す手順も説明します。

ファイルを削除する

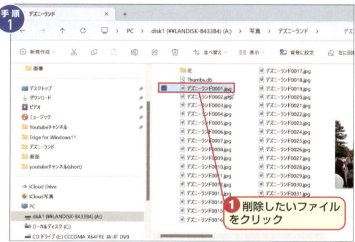

手順1 削除したいファイルを選択する

最初に、削除したいファイルをマウスでクリックして選択します。選択されたファイルは背景に色が表示され、選択されていることが一目でわかります。削除したいファイルをクリックして選択しましょう。

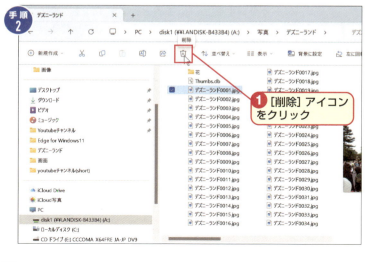

手順2 ファイルを削除する

削除したいファイルを選択したら、[削除]アイコンをクリックしてください。選択したファイルが消えます。なお、この時点ではファイルは「ごみ箱」に移動しただけです。

時短 ファイルやフォルダーを削除する

[Delete] キー

ファイルを完全に削除する

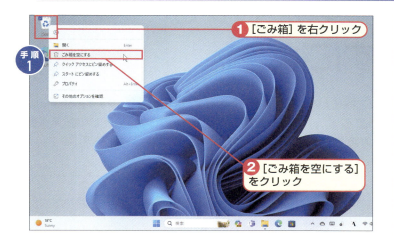

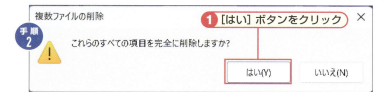

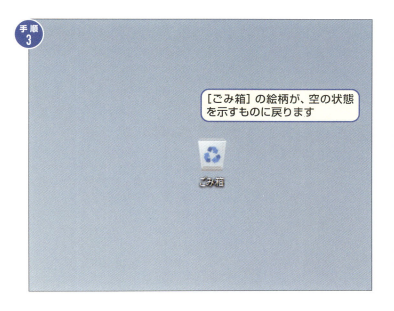

 手順1 「ごみ箱を空にする」を選択する

削除されたファイルやフォルダーは「ごみ箱」に移動しています。
ごみ箱の中のファイルやフォルダーを完全に削除するには、[ごみ箱] を右クリックし、表示されたメニューの [ごみ箱を空にする] をクリックします。

 便利技 フォルダーを削除する

ファイルと同じ手順でフォルダーも削除できます。フォルダーを削除すると、そのフォルダー内のファイルも削除されます。

 便利技 削除の確認メッセージを表示する

削除する際に毎回、確認のメッセージを表示させたいときは、ごみ箱を右クリック→「プロパティ」で「削除の確認メッセージを表示する」をオンにします。

 手順2 確認のダイアログボックスが表示された

[ごみ箱を空にする] をクリックすると必ず確認のダイアログボックスが表示されます。[はい] ボタンをクリックします。

 手順3 ごみ箱のファイルは完全に削除された

ごみ箱の中のファイルが完全に削除されると、[ごみ箱] アイコンの絵柄が、空の状態を示すものに切り替わります。
また、「ごみ箱」をダブルクリックすると空の「ごみ箱」フォルダーが開き、中にファイルがないことを確認できます。

 メモ 自動的に完全に削除される場合

ごみ箱の大きさには限りがあります。ごみ箱があふれる（空きがなくなる）と、古いものから順に自動削除されます。

SECTION

キーワード ▶ ごみ箱／復元／ごみ箱を空にする

44 削除したファイルを元に戻すには

削除したファイルも、「ごみ箱」にある間は復元できます。復元すると、ファイルやフォルダーは元の場所に戻ります。また、任意の場所への復元や特定ファイルだけの復元もできます。ここでは、「ごみ箱」からファイルやフォルダーを元に戻す手順を説明します。

間違って削除したファイルを元の場所に戻す

① ごみ箱をダブルクリック

 ごみ箱を開く

間違って削除したファイルを復元してみましょう。最初に、デスクトップ画面にある「ごみ箱」アイコンを探してダブルクリックします。

ごみ箱が開きます
① 復元したいファイルをクリック

 ごみ箱が開いた

実は「ごみ箱」もフォルダーと同様、ダブルクリックすると開いて中身を見ることができます。ごみ箱の中のファイルやフォルダーから復元したいファイルを探してクリックしてください。

 ごみ箱の状態

ごみ箱は「空の状態」と「ファイルやフォルダーが入っている状態」とでアイコンの絵柄が変わるので、状態は一目でわかりますが、捨てられたファイルの量やサイズはアイコンからはわかりません。そのため、定期的にごみ箱をダブルクリックして消したファイルの量を確認し、量が増えてきたら完全に削除しましょう。

手順3 元に戻す

ここでは選択したファイルを復元するので、「選択した項目を元に戻す」をクリックします。

1. 「…」をクリック
2. 「選択した項目を元に戻す」をクリック

裏技 ごみ箱の大きさを変える

ごみ箱を右クリックして表示されるメニューから [プロパティ] を選択し、「最大サイズ」を変更します。

手順4 削除ファイルが元の場所に復元した

ごみ箱の中のファイルを復元したので、復元されたファイルはごみ箱から削除時に入っていたフォルダーに戻りました。

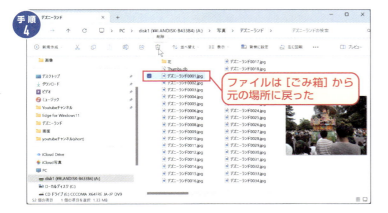

ファイルは [ごみ箱] から元の場所に戻った

注意 取り外し可能なディスクのファイルは復元できない

USBメモリや外付HDD・SSDなどの取り外しができる記憶装置の中のファイルは、ごみ箱に捨てると同時に完全に削除され、復元はできません。

裏技 すべての削除ファイルを元の場所に戻す

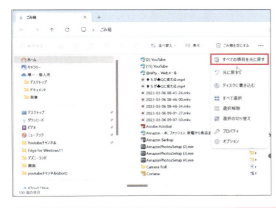

ごみ箱を開いて「…」→「すべての項目を元に戻す」を選択すると、ごみ箱に入っているすべての項目が元の場所に戻ります。ごみ箱に入っている項目が多いときはこの方法が便利です。同じ傾向のファイルだけを復元したいときは、「名前」や「元の場所」などをクリックして並びを変えると、ファイルをまとめやすくなります。

SECTION

キーワード ▶ コピー／移動／ファイル

45 ファイルやフォルダーの移動やコピーをする

ファイルやフォルダーを別のドライブやフォルダーに移動／コピーしてみましょう。ここでは、エクスプローラーのコマンドを使ってファイルを移動してみます。なお、慣れてくればエクスプローラー上でドラッグすることでファイルの移動やコピーを素早く行えます。

ファイルを移動する

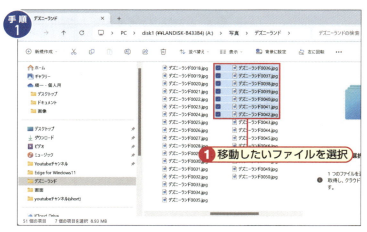

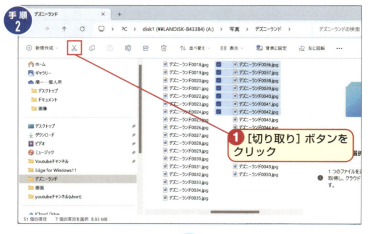

手順1　移動元のフォルダーを開く

最初に、移動したいファイルが入ったフォルダーを開いて、移動するファイルを選択してください。

メモ　ファイルをコピーする

コピーの場合は、手順2で [コピー] ボタンを選択します。

手順2　[切り取り] の操作をする

ファイルの移動なので、現在のフォルダーに選択したファイルが残らないようにします。
そのため、ここでは [切り取り] ボタンをクリックしてください。

メモ　フォルダーを移動／コピーする

ファイルと同じ方法で移動やコピーができます。ただし、移動／コピーをするフォルダーに含まれているファイルやフォルダーも、同時に移動／コピーされます。

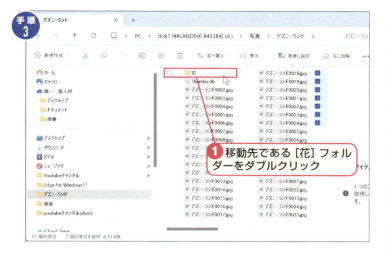

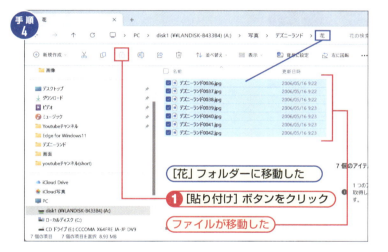

手順3 移動先フォルダーを開く

ファイルの移動先のフォルダーを開きます。この例では、「花」フォルダーをダブルクリックします。

便利技 コピーボタンを使ってコピーする

コピーしたいファイルを選択し、[コピー] ボタンをクリックします。次にコピー先フォルダーに移動し、[貼り付け] ボタンをクリックします。

便利技 直前の移動やコピーを取り消す

キーボードから [Ctrl] + [Z] キーを押してください。元の状態に戻ります。

手順4 [貼り付け] の操作をする

「花」フォルダーが開きました。移動は [貼り付け] ボタンをクリックして行います。手順2で切り取ったファイルは、[貼り付け] ボタンをクリックすると移動して完了となります。

時短 コピー・切り取り・貼り付け

・コピー
　[Ctrl] + [C] キー
・切り取り
　[Ctrl] + [X] キー
・貼り付け
　[Ctrl] + [V] キー

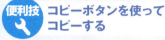
エクスプローラーを使ってファイル操作を覚えよう

裏技 ドラッグで移動やコピーをする

　ファイルのアイコンをフォルダーからフォルダーにドラッグして移動／コピーすることもできます。

　通常は、同一ドライブ内でドラッグすると移動になり、異なるドライブにドラッグするとコピーになります。

　同一ドライブ内でコピーするには [Ctrl] キーを押しながらドラッグし、別ドライブへ移動するには [Shift] キーを押しながらドラッグしてください。

　なお、移動のときはドラッグ時に「→XXXXへ移動」と表示されます（XXXXはフォルダー名）。また、コピーのときはドラッグ時に「＋XXXXへコピー」と表示されます。

SECTION **キーワード** ▶ ファイル名の修正／最大長／拡張子

46 ファイルやフォルダーの名前を変更する

ファイルやフォルダーの名前は、エクスプローラー上で自由に変更できます。事実上、無制限といってよいほど長い名前を付けられるので、ファイルやフォルダーの名前を変更するなら、わかりやすい名前を付けましょう。

ファイル名を変更する

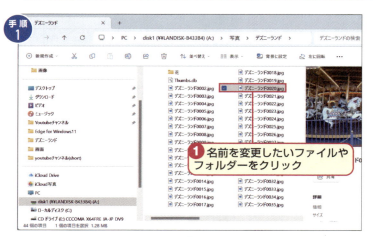

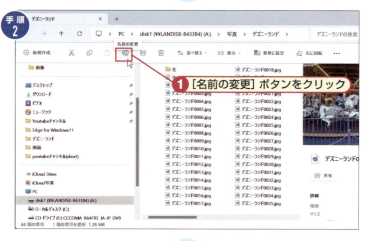

 手順1 **ファイルを選択する**

名前を変更したいファイルやフォルダーをクリックして選択します。
選択すると背景に色が表示されて、選択されていることが一目でわかります。

メモ **ファイル名を変更する**

ファイルのアイコンをクリックしてから名前の部分をクリックすると、名前を変更できる状態になります。

 裏技 **拡張子を変更する**

拡張子を変更しようとすると、確認メッセージが表示されます。[はい] ボタンをクリックすれば拡張子も変更できます。

 手順2 **[名前の変更] を選択する**

名前を変更するので [名前の変更] ボタンをクリックします。

 便利技 **右クリックで名前を変更する**

ファイルを右クリックし、「名前の変更」を選択して変更することもできます。

ファイル名が選択された

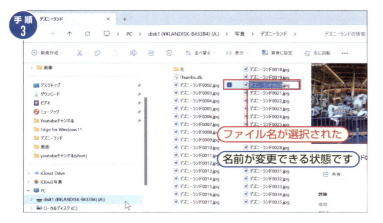

ファイル名を変更できる状態です。
ここで新しいファイル名が入力できます。
なお、この例は拡張子を表示しているので、ファイル名（デズニーランド）だけが選択され、通常は変更すべきでない拡張子は選択から外れます。

ファイル名の変更

[F2]キー

新しいファイル名を入力する

「デズニーランド」を「メリーゴーランド」に変更します。変更するには、キーボードから「メリーゴーランド」と入力して。[Enter]キーを押してください。

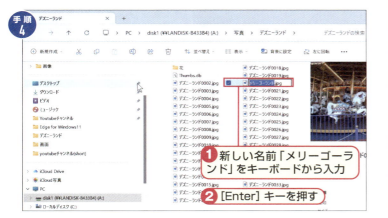

ファイル名の最大長

Windowsのファイル名として許される文字数は最大255文字です。

同じ名前のファイルやフォルダーは作れない

同じフォルダー内に、同じ名前のファイルやフォルダーを複数作ることはできません。

ファイルの名前が変更された

ファイル名が「メリーゴーランド.jpg」に変更されました。この例では拡張子を表示しているので、拡張子「.jpg」が表示されています。初期設定では「メリーゴーランド」と表示されます。

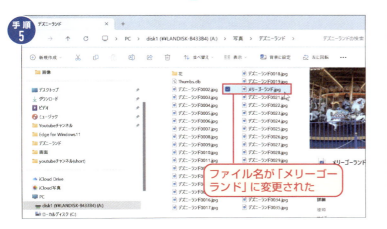

ファイル名の一部を変更する

ファイル名全体が選択状態のときに、ファイル名の変更したい部分をクリックします。これで全選択状態が解除され、ファイル名の一部を修正できます。

5 エクスプローラーを使ってファイル操作を覚えよう

131

SECTION **キーワード** ▶ タブ／エクスプローラー／複数

47 複数のエクスプローラーを同時に表示する

22H2以降では、タブ機能が追加され、複数のエクスプローラー画面を同時に1つのウィンドウ内で表示できるようになりました。これで、デスクトップにエクスプローラーの画面が何個も表示されることがなくなりました。

複数のエクスプローラーを表示する

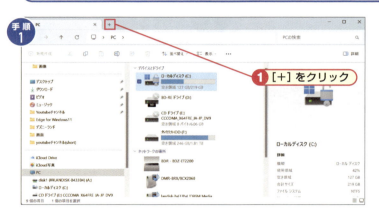

 [+] をクリックする

タブが表示されているので [+] をクリックしてください。新たなタブでエクスプローラーの画面が表示されます。

便利技 タブを追加する

タブに表示されている [+] をクリックすれば、タブをいくつでも追加することができます。

 タブが追加された

タブが追加されました。そこに新しいエクスプローラーが表示されています。
「ビデオ」をダブルクリックしてください。

便利技 タブを切り替える

タブをクリックすると、タブを切り替えることができます。

手順3 新しいタブに「ビデオ」フォルダーの内容が表示された

新しいタブの表示内容が、「ビデオ」フォルダーに含まれるフォルダーとファイルの一覧になりました。

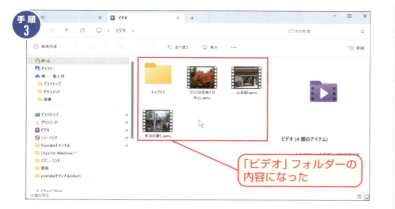

タブを削除する

手順1 タブを削除する

削除したいタブに表示されている［×］ボタンをクリックしてください。タブは削除されます。

便利技　タブの並び順を変える

マウスでタブをドラッグすれば、タブの並び順を変えることができます。

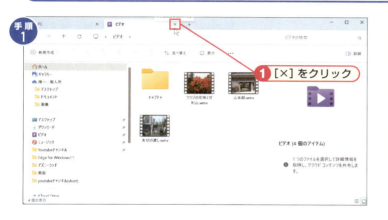

手順2 タブが削除された

タブが削除され、左ページの手順1の画面に戻りました。

便利技　タブ間でファイルを移動する

ファイルをドラッグして移動先のタブに重ねると、タブ間でファイルを移動できます。コピーするときは、[Ctrl]キーを押しながらドラッグします。

133

SECTION キーワード ▶ 検索／フォルダー内検索／ドライブ内検索

48 ファイルを検索する

フォルダー内のファイルの数が少なければ探すまでもありませんが、似たような名前のファイルが数多くあったりすると探すのは大変です。そんなときは「検索」を使いましょう。フォルダー内だけでなく、パソコン（PC）全体を対象に検索することもできます。

フォルダー内を検索する

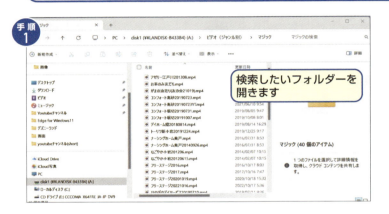

検索する場所を選択する

探し物があるフォルダーを開いてください。

メモ 検索対象はファイル名だけでない

検索の対象にはファイル内容、ファイル付属情報（タイトル、タグなど）、お気に入り、プログラム名、メール、メールの添付ファイルなども含まれます。

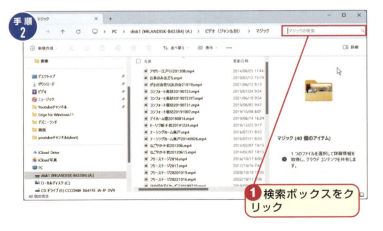

検索ボックスを選択する

ファイルを探したいフォルダーを開いたら、画面の右上にある虫眼鏡マークの検索ボックスをクリックしてください。

裏技 簡単に検索する

タスクバーの［検索］ボタンをクリックしてもファイルの検索ができます。

手順3 検索語を入力する

続いて検索ボックスに検索語（探したいファイルのキーワード）を入力します。ここでは例として「フリーステージ」と入力します。

便利技 PC全体やドライブを検索する

ナビゲーションウィンドウで「PC」を選択すると、PC全体を検索します。
ドライブ名を選択すると、ドライブ内を検索します。

手順4 検索が実行された

検索対象の「フリーステージ」という文字列が含まれるファイルが検索されました。

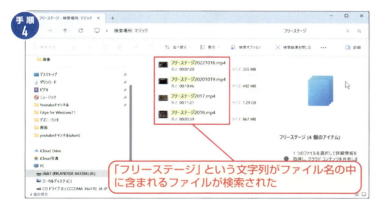

メモ 検索対象とは

エクスプローラーの検索ボックスでは、選択したフォルダーに加えて、そのサブフォルダーも検索の対象となります。サブフォルダーを検索対象から外したい場合は、検索の場所として「検索オプション」→「現在のフォルダー」を選択してください。

裏技 コントロールパネルを検索する

コントロールパネルの検索欄に検索語を入力すると、コントロールパネル内を検索できます。

SECTION　キーワード ▶ ZIP／アーカイブ／解凍

49 ファイルを圧縮して1つにまとめる

Windows11を使っているとファイルがだんだんと増えてきます。ファイルの数が増えると単純に操作が面倒になります。そこで、複数のファイルを圧縮して1つのファイル（アーカイブとも呼びます）にする手順を説明します。

複数のファイルを1つに圧縮する

 手順1　まとめたいファイルを選択する

デスクトップ画面の場合は、タスクバーの［エクスプローラー］アイコンをクリックしてエクスプローラー画面を開いてください。
ここでは、「ピクチャ」フォルダーの画像をまとめる手順を例に説明します。
エクスプローラー画面が開いたら、「ピクチャ」フォルダーをクリックして開き、1つにまとめたい複数の画像ファイルを選択してください。

 手順2　圧縮コマンドを選択する

エクスプローラーの［…］（設定）をクリックするとメニューが表示されるので、「ZIPファイルに圧縮する」をクリックしてください。ファイルの圧縮（アーカイブとも呼ぶ）が開始されます。

メモ　圧縮形式の増加

24H2になって、ファイルの圧縮方式として、従来のZIPに加え、［7z］［TAR］が追加されました。実際に圧縮するには右クリックメニューを使います。

手順3 圧縮ファイルが作られた

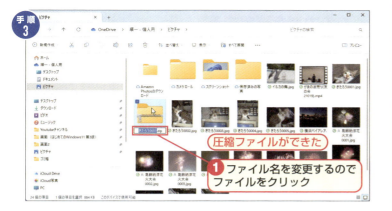

圧縮ファイルができました。
圧縮ファイルの名前には、圧縮したファイルの名前がそのまま使われます。そのため、ここでは「きたろう0001.zip」になっています。ファイル名を変更するので、圧縮ファイルをクリックしてください。

メモ　元のファイルは残る

圧縮しても、元のファイルはそのまま残ります。

手順4 圧縮ファイルの名前を入力する

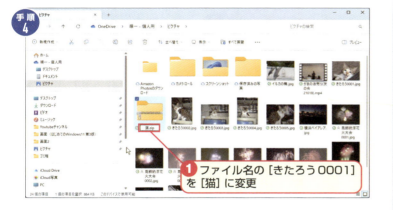

ファイル名を「きたろう0001」から「猫」に変更しましょう。なお、この例では拡張子を表示しているので、「きたろう0001.zip」から「猫.zip」としています（拡張子を表示しない設定の場合は.zipは無視して大丈夫です）。

メモ　ZIPファイルのアイコン

ファスナー付きのフォルダーの形になっているので、他のファイルと区別できます。

手順5 圧縮ファイルの名前が設定された

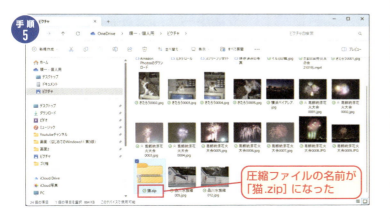

できあがった圧縮ファイルの名前が「猫.zip」になりました。

便利技　右クリックで圧縮する

選択したファイルを右クリックし、表示されるメニューから「圧縮先」を選択し、次に圧縮形式（ZIP、7zまたはTAR）を選択します。

5　エクスプローラーを使ってファイル操作を覚えよう

ZIPファイルの内容を確認する

 手順1　圧縮したファイルの中身を確認する

圧縮ファイルができあがりましたが、正しく圧縮できているのか、選択したファイルは入っているのか、確認してみましょう。
圧縮ファイルの内容を確認する手順は簡単で、エクスプローラーで圧縮ファイルをダブルクリックします。

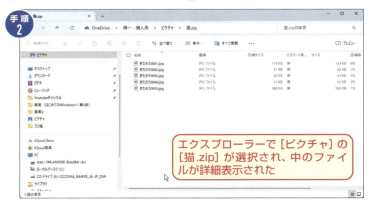

 手順2　ファイルの内容が表示された

エクスプローラーの画面が「ピクチャ」フォルダーから「猫.zip」に変わり、圧縮ファイルに収録されたファイルが詳細表示の形式で表示されました。

 便利技　解凍しないで確認する

ZIPファイルをダブルクリックすると、解凍することなく、含まれているファイルを確認できます。

圧縮ファイルを展開してみよう

 手順1　ファイルを解凍する

圧縮ファイルは、データを（メールやUSBなどを介して）受け渡しする際には便利ですが、圧縮ファイルのままでは元のファイルのように扱うことができません。
圧縮（アーカイブ）したファイルを元に戻すことを「解凍」と呼びます（冷凍保存したものを解凍して元に戻す、というたとえから来ています）。では、圧縮したファイルを解凍しましょう。最初に圧縮（ZIP）ファイルを選択してください。

手順 2 解凍する

選択した圧縮ファイルを解凍します。エクスプローラーの「すべて展開」をクリックすれば、解凍が開始されます。

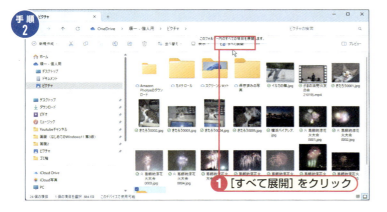

① [すべて展開] をクリック

メモ ツールバーの表示

エクスプローラーのツールバーは、選択したファイルによって切り替わります。そのため、画像ファイルを選択した場合は「すべて展開」は表示されません。
圧縮ファイルを選択すると「すべて展開」が表示されます。

手順 3 展開するフォルダーを指定する

展開（解凍）が始まると「圧縮（ZIP形式）フォルダーの展開」画面が表示されます。展開する場合は、展開場所を確認します。ここでは、「C:User¥jt734¥OneDrive¥画像¥猫」に展開します。表示された展開場所でよければ、[展開] ボタンをクリックしてください。展開場所を変更したい場合は、[参照] ボタンをクリックして展開先を選択することができます。

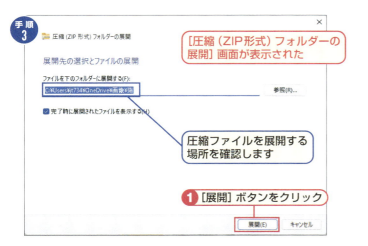

[圧縮（ZIP形式）フォルダーの展開] 画面が表示された

圧縮ファイルを展開する場所を確認します

① [展開] ボタンをクリック

時短 右クリックで展開する

ZIPファイルを右クリックして表示されるメニューから「すべて展開」を選択しても、展開することができます。

手順 4 圧縮ファイルが解凍された

圧縮ファイルの「猫.zip」を解凍しました。「ピクチャ」フォルダーの中に「猫」フォルダーが作られ、その中に「猫.zip」に含まれている画像ファイル5点が展開され、表示されました。
ファイルの圧縮と解凍は可逆圧縮といい、元のファイルと完全に同じファイルが作成されます（コピーしたのと同じです）。

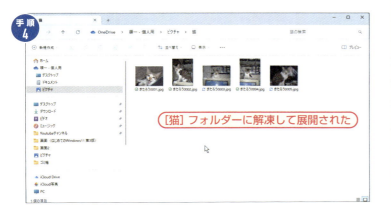

[猫] フォルダーに解凍して展開された

SECTION キーワード ▶ ライブラリ／フォルダーオプション

50 ライブラリの内容を表示する

Windows11で文書や音楽、ビデオ、写真を保存するなら、「ライブラリ」に保存することで、ファイル管理がとても簡単で便利になります。ライブラリは仮想的なフォルダーなのでとっつきにくいのですが、慣れるととても便利です。

とても便利なライブラリを活用する

　デジタルカメラで撮影した写真を、パソコンの中にある「花の写真」フォルダー、「山の写真」フォルダー、「海の写真」フォルダーに保存しました。
　花の写真を見たいときは、「花の写真」フォルダーを開いて写真を見ます。そして海の写真を見たいときは、「海の写真」フォルダーを開けばよいのですが、フォルダーが増えてくると、フォルダーを探すのが大変です。
　ところが、「花の写真」フォルダー、「山の写真」フォルダー、「海の写真」フォルダーを「ピクチャライブラリ」に登録すると、ピクチャライブラリを開くだけですべての写真を見ることができます。
　写真や文書などのくくりでフォルダーをライブラリに登録するだけで、複数のフォルダーを一元的に管理でき、とても便利です。

実際のフォルダー

「2015年の写真」フォルダー

「デジカメの写真フォルダー」フォルダー

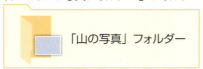

「よく使う」フォルダー

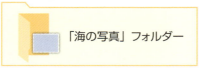

個別にフォルダーを開く必要があります。

ライブラリで表示

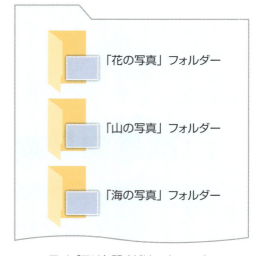

ライブラリを開くだけでよいです。

ライブラリを表示する

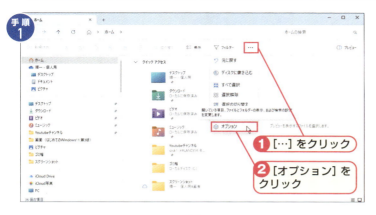

 オプションを選択する

「…」をクリックするとメニューが表示されます。
メニューの「オプション」をクリックしてください。

便利技 エクスプローラーにライブラリを表示する

ライブラリを表示するには、「フォルダーオプション」を選択して「ライブラリの表示」チェックボックスをオンにしてください。

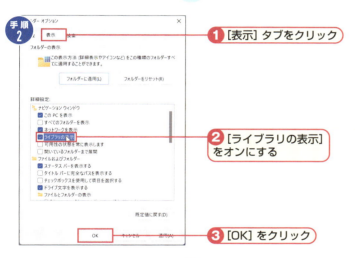

 「フォルダーオプション」画面が表示された

[表示]タブをクリックします。「詳細設定」にある「ライブラリの表示」ボックスをクリックしてオンにします。[OK]ボタンをクリックすれば完了です。

注意 Windows10からアップグレードした場合

Windows10でライブラリが表示されないパソコンは、Windows11にアップグレードしてもライブラリは表示されません。
ライブラリを表示するなら、このページの手順1〜3を行ってください。

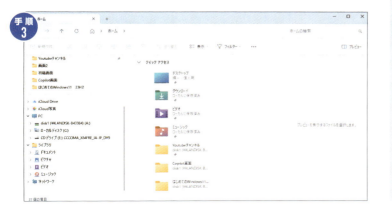

 ライブラリが表示された

ライブラリに「カメラロール」、「ドキュメント」、「ピクチャ」、「ビデオ」、「ミュージック」、「保存済みの写真」が表示されました。

メモ ライブラリの特徴

ライブラリは「違う場所のフォルダーを一元的に管理できる」のが特徴です。

ライブラリの内容を表示する

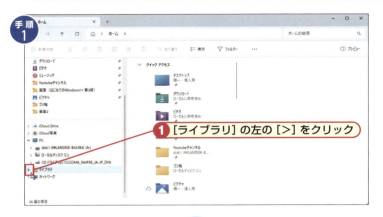

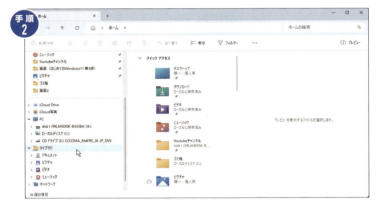

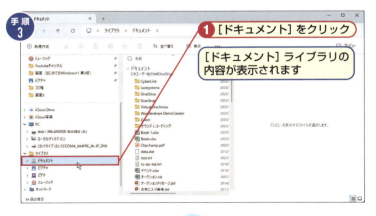

手順1 ライブラリを開く

エクスプローラーの「ナビゲーション」ウィンドウに表示されている「＞ライブラリ」の「＞」をクリックしてください。

メモ ライブラリとは

異なるフォルダーやドライブに分散して保存されている文書、画像、動画、音楽などのデータがライブラリを使うことによって一元的に管理できます。

手順2 ライブラリの内容が表示された

ライブラリとして用意されているのは「ドキュメント」、「ピクチャ」、「ビデオ」、「ミュージック」、および左の画面側にはありませんが「カメラロール」、「保存済み写真」の6個です。

注意 ライブラリの削除

ライブラリ名を右クリックし、表示されるメニューから「削除」をクリックすると、ライブラリを削除できます。

手順3 ドキュメントライブラリを見る

ライブラリを開く手順は、普通のフォルダーと同じです。ライブラリの「ドキュメント」をクリックしてください。「ドキュメント」ライブラリの内容が表示されました。なお、はじめは何もありません。

メモ ドキュメントライブラリ

初期状態では「ドキュメント」フォルダーだけでドキュメントライブラリが構成されているので、一元管理できる特徴が発揮されていません。

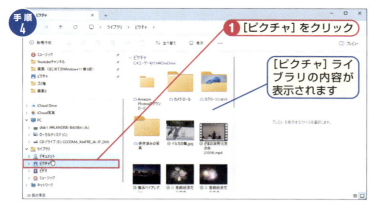

 ピクチャライブラリを見る

「ナビゲーション」ウィンドウの「ピクチャ」をクリックしてください。写真が見やすいように大アイコンの表示になっています。なお、この例はライブラリにフォルダーを追加したあとの状態です。

メモ ピクチャライブラリ

初期状態では「ピクチャ」フォルダーだけで構成されています。画像を入れるフォルダーを追加しましょう。

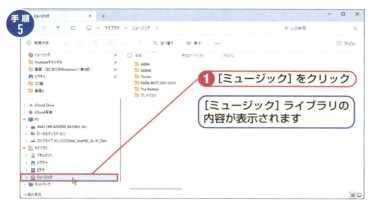

 ミュージックライブラリを見る

「ミュージック」をクリックしてください。「ミュージック」ライブラリでは、ファイル名が見やすいように小アイコン表示になっています。

メモ ミュージックライブラリ

初期状態では「ミュージック」フォルダーだけでライブラリが構成されています。

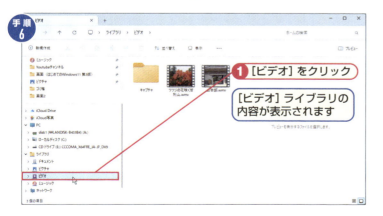

 ビデオライブラリを見る

「ビデオ」をクリックしてください。「ビデオ」ライブラリの内容が表示されました。「ビデオ」ライブラリでは、動画の内容が一目でわかるように大アイコンで表示されます。

メモ ビデオライブラリ

「ビデオ」ライブラリは、初期状態ではPCの「ビデオ」フォルダーだけで構成されています。

SECTION

キーワード ▶ ライブラリ／追加／復元

51 ライブラリにフォルダーを追加する

ライブラリには、あらかじめいくつかのフォルダーが登録されていますが、ユーザーがフォルダーの追加や削除をして、ライブラリでの一元管理をしやすくすることができます。その手順を詳しく説明します。

ピクチャライブラリに自分用のフォルダーを追加する

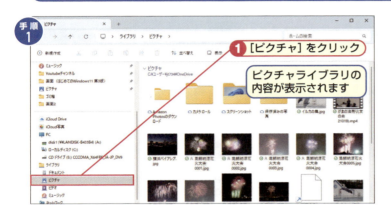

 ピクチャライブラリを開く

ライブラリ機能がオンでないと以降の操作はできません。エクスプローラーで「ピクチャ」をクリックすると「ピクチャ」ライブラリの内容が表示されます。

 ライブラリを新規に作成する

「ライブラリ」を右クリックして「その他のオプション」→「新規作成」→「ライブラリ」を選択すると、新規にライブラリを作れます。

 ライブラリの管理を選択する

［ピクチャ］を右クリックしてください。メニューが表示されます。メニューの［プロパティ］をクリックしてください。

 下位のフォルダーを削除すると

ライブラリからフォルダーを開いて下位のフォルダーやファイルを削除した場合は、実体も削除されます。注意してください。

ピクチャライブラリの場所が表示された

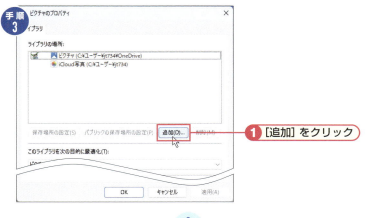

「ピクチャのプロパティ」画面が表示されました。この画面を使って、ピクチャライブラリにフォルダーを加えます。[追加] ボタンをクリックしてください。

 ライブラリを復元する

既定のライブラリを削除しても、「ライブラリ」を右クリックして表示されるメニューから「その他のオプション」→「既定のライブラリを復元する」を選択すると復元できます。

 追加したいフォルダーを選択する

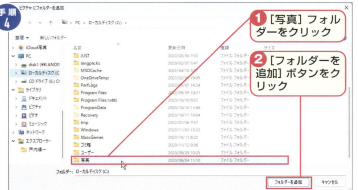

「ピクチャ」ライブラリに追加したいフォルダーを選択します。ここでは例として「写真」フォルダーを選択します。続いて [フォルダーを追加] ボタンをクリックしてください。

 ライブラリからフォルダーを削除する

「ライブラリの場所」欄でライブラリから除外するフォルダーを選択し、[削除] ボタンをクリックします。

 ピクチャライブラリに「写真」フォルダーが追加された

ピクチャライブラリに「写真」フォルダーが追加されました。
[OK] ボタンをクリックして追加を終了します。

 ライブラリの既定の保存場所

ライブラリには、「既定の保存場所」という設定があり、ライブラリにファイルを保存すると、既定の場所で指定されたフォルダーにファイルが保存されます（SECTION52参照）。

145

SECTION ▶ キーワード ▶ 保存場所／プロパティ／既定の保存場所

52 ライブラリの保存場所を変更する

ファイルをライブラリにコピーすると、「既定の保存場所」（フォルダー）に保存されます。しかし、既定の保存場所がファイルでいっぱいになったらどうすればいいでしょうか。そこで、ここでは「既定の保存場所」を変更する方法を説明しましょう。

「既定の保存場所」を変える

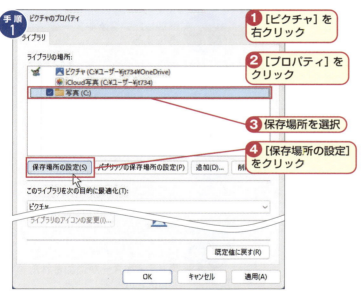

 手順1 現在の「既定の保存場所」を確認する

ピクチャライブラリを開き、手順2と同様にエクスプローラーの画面で「ピクチャ」を右クリックします。メニューが表示されるので［プロパティ］をクリックします。「ピクチャのプロパティ」画面が表示されるので、「ライブラリの場所」欄で保存場所を選択します。ここでは例として「写真（C:）」を選択しています。最後に［保存場所の設定］ボタンをクリックしてください。

 既定の保存場所とは

ライブラリは、複数のフォルダーで構成されています。コピー先をライブラリにした場合、実際にファイルがコピーされるフォルダーを「既定の保存場所」と呼びます。

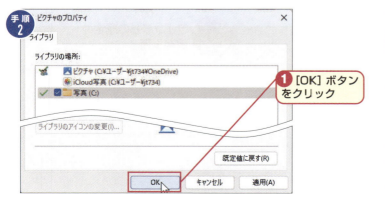

 手順2 既定の保存場所を［画像］フォルダーに変える

「ライブラリの場所」欄で「写真（C:）」の前に緑のチェックマークが表示されました。これで、保存場所が選択したフォルダーに変更されました。
［OK］ボタンをクリックして終了です。

6章

インターネットを楽しもう

Edge（エッジ）は、マイクロソフトが開発したWebブラウザーです。Webブラウザーとは、インターネット上のWebページを表示したり、検索したりするためのソフトウェアです。Edgeは、高速で使いやすく、AI機能やセキュリティ機能などが充実しています。Windows 11バージョン24H2では、Edgeウィンドウの右上にはCopilotボタンが配置されています。

SECTION キーワード ▶ Webページ／メール／SNS

53 インターネットで何ができるのか？

Windows11を使う上で必須のものに「インターネット」があります。インターネットに接続していなくてもWindows11は動作しますが、機能の更新などができず、機能を正しく維持することができません。そこで、インターネットの基本を説明します。

インターネットでできること

欲しい情報を探したいとき、趣味を同じくする人とコミュニケーションをとりたいとき、仕事を探したいとき、動画を見たいとき、時刻表を調べたいとき、天気予報を知りたいとき……など、実にさまざまな目的でインターネットを使うことができます。

目的はさまざまでも、実際にインターネットを利用する形態として代表的なのは、「Webページの閲覧」と「メールの送受信」です。それらを中心に、インターネットで何ができるか紹介しましょう。

Webページを閲覧する

インターネット上のWebページは、インターネットの最もポピュラーな情報提供形態といってよいでしょう。Webページの情報を閲覧するには、「Webブラウザー」と呼ばれるアプリが必要となります。
Windows11には、Webブラウザーとして「Microsoft Edge」が搭載されています。本書では、Microsoft EdgeでWebページを閲覧する手順を説明しています。
なお、Webブラウザーとしては、Googleのクローム（Chrome）などもあります。

▲Edgeの画面

❶URLとは

Webページにアクセスするときに指定する必要があるのが「URL」（ユーアールエル：Uniform Resource Locator）です。URLはWebページのアドレスといえるもので、一意に決められます。URLは、次のように、通常「http:」や「https:」で始まる文字列から構成されます。

【URLの例】
https://www.shuwasystem.co.jp

メールの送受信とは

インターネットを使って電子メールを送受信するサービスです。インターネットで結ばれた世界中の人が、電子的な手段で高速にメール（手紙）を交換することができます。Webページの閲覧と並んで、最も利用の多いサービスです。文章だけでなく、写真などのファイルも添付して送受信することができます。

Windows11では、メールを送受信するソフトとして「メール」アプリが搭載されています。

▲Outlook(new)の画面

❶ メールアドレスとは

メールアドレスは、手紙の住所に相当するもので、メールの宛先を示します。

【メールアドレスの例】
s-info@shuwasystem.co.jp

@マークの右側はプロバイダーなどの運営組織ごとに割り当てられているアドレスで、@マークの左側は運営組織内で一意に割り振られたアドレスです。
メールアドレスは世界中で重複しないように割り当てられます。

その他

音楽や画像のダウンロード、YouTubeに代表される動画の閲覧、instagramに代表されるSNS（ソーシャルネットワーキングサービス）、ニュースの配信、Amazonに代表されるネットショッピング、ネット銀行、地図検索など、さまざまなサービスを受けることができます。アプリが主体のスマートフォンとは異なり、パソコンではこういったサービスもEdgeなどのWebブラウザーを介して利用するのが一般的です。

▲動画配信サービス「YouTube」の画面

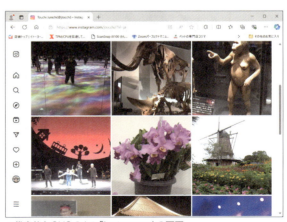
▲代表的なSNSの1つ「instagram」の画面

SECTION キーワード ▶ FTTH／CATV／モバイル接続

54 インターネットに接続する

Windows11は、インターネットに接続することで快適に利用できるようになります。そこで、パソコンとインターネットを接続する方法を説明しましょう。ここで、「FTTH」（光ファイバー）、「モバイル接続」、「CATV接続」を使ってインターネットとルーターを接続します。

インターネットとの接続

インターネットとは、世界中を網の目のように接続したコンピューターネットワークです。インターネットのルールに従って利用するなら、誰でも自由に利用することができます。
とはいえ、一般ユーザーがインターネットに直接接続するのは難しいため、回線事業者やプロバイダーと契約し、メールアドレスやIPアドレスの支給を受けて利用します。自宅のパソコンやスマートフォンからインターネットに接続するには、一般に次図のいずれかの経路を利用します。以下、各経路の特徴を説明します。

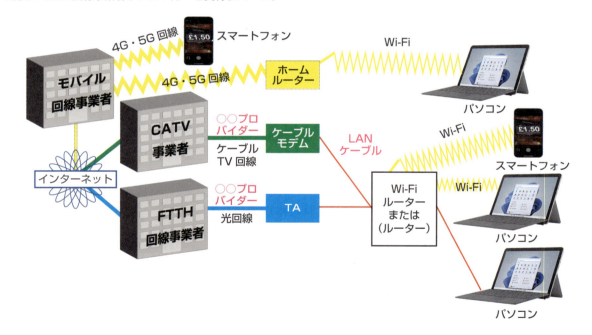

FTTH（光ファイバー）接続とは

「FTTH」（Fiber To The Home）は、名前のとおり家庭向けの光ファイバーを使ったサービスです。光ファイバーケーブルを屋内に引き込んでインターネットを利用します。FTTHの通信速度は1Gbpsから10Gbpsと超高速なのが特長です。なお、サービス開始当初は光ファイバーを引ける地域が限られていましたが、現在では広域化が進み、全国で利用できる最も普及したインターネット接続方法となっています。

CATV接続

「CATVインターネットサービス」とは、ケーブルテレビ（CATV）配信用ケーブルを使って提供されるインターネット接続サービスです。

すでにケーブルテレビに加入している場合は、最低限の工事で、CATV接続を使ってインターネットを利用できます。通信速度はCATV業者により異なりますが、下りが80〜100Mbps（実際は回線の混雑状況により変化する）です。CATV会社が回線事業者とプロバイダーを兼ねているため、窓口が1本化されているのは利用者にとって便利です。

モバイルを使った接続

「ホームルーター」などの呼び名で、工事不要で使えるWi-Fiルーターとして広告している製品です。

携帯電話の4G・5G回線を使ってインターネットと接続し、Wi-Fiでパソコンと接続するので、工事が不要です。電波状態によって通信速度は変化しますが、通信速度はスマートフォン並みになります。回線事業者と契約して装置を設置するだけなので、お手軽です。

用語解説

❶ 回線事業者

回線事業者は「キャリア」とも呼ばれ、インターネットとの接続に使う光ファイバーや電話回線などのインフラ（電柱と電線網）を提供する事業者です。NTTやKDDIなどが代表的な回線事業者です。

❷ プロバイダー

「プロバイダー（ISP）」とは、回線事業者の各回線を利用している個人や企業に対して、「インターネット接続サービス」を提供する会社です。そのため、一般的に「光回線はNTTでプロバイダーは@nifty」といった感じになります。サービスや料金などに違いがあり、@nifty、BIGLOBE、ASAHIネットなどいろいろな企業がサービスを提供しています。

❸ TA（回線終端装置）

回線事業者のセンターから自宅に引かれたFTTHは、屋内に引き込まれて「TA」に接続されます。TAとは「光信号を電気信号に変換する装置」で、プロバイダーや回線事業者からのレンタルが一般的です。

❹ ルーター／Wi-Fiルーター

TAで電気信号（TCP/IP）に変換された信号を、電波（Wi-Fi）や有線LAN経由で、パソコンやスマートフォン、タブレットなどと接続するのがルーター（Wi-Fiルーター）です。ルーター（Wi-Fiルーター）は、プロバイダーからレンタルするか、または家電量販店等で購入して利用します（プロバイダーや回線事業者によって異なります）。

❺ ケーブルモデム

「ケーブルモデム」とは、CATV接続で使われる「モデム」（変復調装置）で、CATV会社からのレンタルとなります。

❻ ホームルーター

4G・5G回線を使ってインターネットに接続し、Wi-Fi経由でパソコンやタブレットなどを接続します。工事が不要で簡単に設置できるのが特徴です。

SECTION　キーワード ▶ Edge／Webページ／スタートページ

55 Edgeで
インターネットを見る

Webページやネットメールを見るためには、Webブラウザーが必要です。Windows11では「Microsoft Edge」が標準のWebブラウザーとなります。そこでこのSECTIONでは、Edgeの基本的な使い方を説明しましょう。

標準ブラウザーのEdgeを使ってみる

 Edgeを起動する

Edgeを起動してみましょう。まず、タスクバーの[スタート]ボタンをクリックして、スタートメニューを表示しましょう。

 アイコンから起動する

Windows11のデスクトップにEdgeのショートカットアイコンが表示されていれば、ダブルクリックすることで起動できます。

 スタートメニューが表示された

スタートメニューが表示されたら[Edge]アイコンをクリックしてください。これでEdgeが起動します。

 タスクバーから起動する

タスクバーの「Edge」アイコンをクリックしても、Edgeを起動できます。

 Edge が起動した

Windows11の標準WebブラウザーのEdgeが起動して、画面が表示されました。最初に起動したときは、標準の「スタートページ」が表示されます。このスタートページは自由に変更できます。詳しくは以降のSECTIONを参照してください。

 「すべてのアプリ」から起動する

スタートメニューの「すべてのアプリ」から「Microsoft Edge」を選択してEdgeを起動することもできます。

Edgeを終了する

 [閉じる] ボタンで終了する

WebブラウザーのEdgeを終了してみましょう。
手順は簡単で、画面右上の [×]（閉じる）ボタンをクリックするだけです。

 スタートページ

Edgeを起動して最初に表示されるWebページが「スタートページ」です。
スタートページは自由に変更できます（SECTION67参照）。

 Edge が終了した

Edgeが終了して表示が消えました。
ここではEdgeしか起動していなかったので、デスクトップ画面が表示されます。

 Edgeの終了

[Alt] + [F4] キー

SECTION

56 Edgeの画面の見方

キーワード ▶ Edge／アドレスバー／タブ表示

ここでは、Windows11の標準WebブラウザーであるMicrosoft Edgeについて、画面の見方および各アイコンの名前と機能を紹介します。

Edge画面の各部の名称と機能

❶ タブ表示

タブが表示されます。[×] ボタンでタブが閉じ、[+] ボタンでタブが追加されます（SECTION58参照）。

❷ [最小化] ボタン

Edgeはタスクバーに吸収されます。タスクバーの [Edge] アイコンをクリックすると、元の表示に戻ります。

❸ [最大化] ボタン／[元に戻す] ボタン

Edgeはデスクトップ画面いっぱいに表示されます。このとき、[最大化] ボタンは [元に戻す] ボタン🗖に変わります。
この [元に戻す] ボタンをクリックすると、元の表示に戻ります。

❹ [閉じる] ボタン

Edgeが終了します。

❺ [戻る] ボタン

直前に表示したWebページに戻ります（SECTION59参照）。

❻ [進む] ボタン (▢)

[戻る] ボタンで戻る前のWebページに進みます (SECTION59参照)。

❼ [更新] ボタン

画面表示は最新の状態になります。

❽ アドレスバー

表示されているWebページのアドレス (URL) が表示されます。ここにアドレス (URL) をキー入力すれば、そのWebページに移動できます。また、文字列を入力すると、Webページを検索します。つまり、アドレスバーは検索ボックスも兼ねています (SECTION57・64参照)。

❾ [お気に入りに追加] ボタン

お気に入りに追加されます (SECTION61参照)。

❿ [お気に入り] ボタン

お気に入りリストが表示されます。

⓫ [コレクション] ボタン

Webページをグループ分けして保存できます。

⓬ 詳細

拡大、検索、印刷、設定などのコマンド一覧が表示されます。

⓭ [表示] エリア

ここに、Webページの内容が表示されます。

⓮ [タブ] ボタン

新しいタブを開くことができます。

⓯ サイドバー

検索やショッピング、ツールなどのボタンが並び、各機能を利用できます。表示されないこともあります。

⓰ [ホーム] ボタン

このボタンに割り当てられたページに移動します。

⓱ 分割画面

ブラウザーを2分割することができます。

⓲ Copilotボタン

Copilotの画面が開きます。

155

SECTION　キーワード ▶ Edge／URL／スクロール

57 インターネットのWebページを見る

「Edge」を使ってインターネットのWebページを見るには、「アドレスバー」にURLなどWebページのアドレス（住所）を入力します。また、情報が多くてウィンドウに収まりきらないWebページも多いので、スクロールなどの手順も説明しましょう。

URLを入力してWebページを表示する

① [アドレスバー]をクリック

① WebページのURLをキーボードから入力
② [Enter]キーを押す

URLは半角の英数字でhttp://またはhttps://から入力します

手順1　アドレスバーをクリックする

Edgeにアドレスを入力する場所である「アドレスバー」をクリックしてURLを入力できるようにします。

便利技　Edgeの画面の幅を変える

ウィンドウの左右端にマウスカーソルを合わせると、マウスカーソルが両方向矢印になります。このときマウスを左右にドラッグすると、ウィンドウの幅が変わります。同じ要領で、上下方向も変更できます。

手順2　アドレスバーにURLを入力する

WebページのURLをキーボードから入力します。URLは半角の英数字でhttp://またはhttps://から入力します。例として「https://www.shuwasystem.co.jp」と入力して[Enter]キーを押します。

メモ　URLとは

Webページのアドレス（住所）のことで、「http:// ～」や「https:// ～」のような形式です。

手順3

秀和システムのWebページが表示された

 Webページが表示された

秀和システムのWebページが表示されます。URLを間違えても「申し訳ございません。このページには到達できません」などのメッセージが表示されるだけです。正しく入力をし直せば大丈夫です。

裏技 閲覧履歴を残さないで閲覧する

［…］→「新しいInPrivateウィンドウ」を選択すると、閲覧履歴を残さないでWebページを閲覧できます。

画面をスクロールして隠れた部分を見る

手順1

① スクロールバーを下方向へドラッグ

タッチ操作の場合は、画面を指でドラッグします

 ドラッグする

多くのWebページは画面に収まりません。隠れた部分がある場合は、画面右側にスクロールバーが表示されます。スクロールバーを下方向へマウスでドラッグしてください。

メモ スクロールバーが表示される場合

ウィンドウ内に表示しきれないときには、右端や下端にスクロールバーが現れます。

手順2

Webページの下部が表示された

 画面が下にスクロールした

スクロールバーを下げるに従って、Webページの表示は下から上へとせり上がってきます。そして、隠れていたWebページの下部が見えるようになりました。

便利技 Edgeの画面を最大化する

画面右上の［最大化］ボタンをクリックすると、Edgeが全画面に表示されます。

6 インターネットを楽しもう

SECTION

キーワード ▶ Edge／タブ／複数のWebページ

58 複数のWebページを同時に開く

Edgeは「ニュース」や「動画」など複数のWebページを同時にいくつも開けますが、表示できるのはその中の1つです。複数のWebページを開いている場合は、「タブ」でWebページを切り替えます。

複数のWebページを開く

手順1 新しいタブを増やす

秀和システムのWebページを表示しています。「タブ」は1つだけ表示された状態です。ここでは、タブを増やすので[+]をクリックします。

メモ タブとは

手帳などのタブと同じで、少し飛び出した部分に画面内容を示し、複数画面を選択して表示する機能です。

手順2 新しいタブが開いた

表示が切り替わり、「新しいタブ」と表示されたタブが増えました。

便利技 リンク先のページを新しいタブで開く

Webページのリンクが張られている文字列や画像にマウスカーソルを合わせ、[Ctrl]キーを押しながらクリックすると、新しいタブでリンク先の画面が表示されます。

158

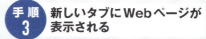

 手順 3 新しいタブにWebページが表示される

新しいタブにURLを入力して、Webページを表示してみましょう。アドレスバーにマウスコンピューターのURLである「https://www.mouse-jp.co.jp/」を入力します。URLを入力して[Enter]キーを押すと、Webの表示が切り替わりました。

タブでWeb画面の表示を切り替える

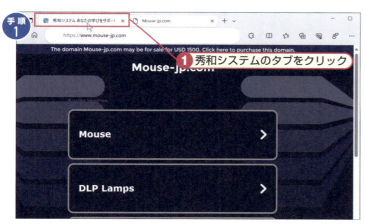

 手順 1 目的のタブを選択する

Edgeに2つのタブが表示されています。画面にはマウスコンピューターのWebページが表示されているので、「秀和システム」タブをクリックして表示を切り替えます。

便利技　タブの並び順を変える

タブをマウスで（タッチパネルなら指で左右に）ドラッグすれば、タブの並び順を変更できます。

 手順 2 タブが切り替わった

Edgeの表示が秀和システムのWebページに切り替わりました。表示されている画面のタブは白く表示されるので、タブが増えても表示中の画面が見分けられます。

便利技　新しいタブに表示するものを変更する

通常、[新しい]タブには標準のスタートのページが表示されます。
表示内容やレイアウトを変更するには、標準のスタートのページの右上端に表示される[ページ設定]ボタンをクリックします。

SECTION キーワード ▶ Edge／リンク／ネットサーフィン

59 過去に訪れたWebページを再訪問する

Webページ内には、他のページへのリンクが張られていることもあります。このリンクをクリックすることで、別のWebページへ移動したり、元のWebページに戻ることができます。ここでは、リンクや［←］・［→］ボタンの使い方を説明します。

Webページのリンクをたどって進む

手順1

 手順1 リンク部分をクリックする

Webページを見るために、URLを毎回入力するのは面倒です。多くのWebページには、他のページに移動する仕掛けの「リンク」があります。リンクを使ってページを移動してみましょう。「リンク部分」をマウスでクリックしてください。なお、マウスカーソルをリンクに重ねると、画面下部にリンク先のURLが表示されます。

 時短 新しいタブを開く

［Ctrl］＋［T］キー

 手順2 リンク先のWebページが表示された

リンクをクリックしただけで、リンク先に移動してWebページが表示されました。

 メモ ネットサーフィンとは

インターネットのWebページを、リンクをたどって次々に閲覧することです。

Webページを戻る／進む

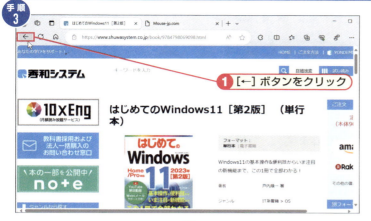

 1つ前に戻る

リンクを使ってWebページを移動してきました。元のWebページに戻るには、Edgeの［←］（戻る）ボタンをクリックします。

 Webページ内のリンクを見つける

リンクを含む文字列や画像にマウスカーソルが重なると、マウスカーソルの形が「指し手」になると同時に、画面下部にリンク先URLが表示されます。

 1つ前に戻った

Edgeの［←］ボタンで秀和システムのトップページに戻ってきました。次に、［←］ボタンと対になる機能の［→］（進む）ボタンを使ってみましょう。Edgeの［→］ボタンをクリックしてください。

 ［←］／［→］ボタン

Edgeの［←］ボタンをクリックすると、1つ前のWebページに戻ります。また、［→］ボタンで戻る前のWebページに進むことができます。

 1つ先に進んだ

戻る前にいたページに進みました。なお、［→］ボタンは［←］ボタンで戻った場合だけ使えます。そのため、リンクなどを使って移動していない状態では、［→］ボタンは表示されず、利用できません。

 戻ることのできる範囲

［←］ボタンで戻れるのは、Edgeを起動してから現在までに訪れたWebページに限られます。

SECTION キーワード ▶ 履歴／閲覧データ／Edge設定

60 前に訪れたWebページを履歴から再訪問する

Edgeは、閲覧したWebページの履歴を記録として残しています。この履歴をたどることで、[←]ボタンで戻れる範囲よりずっと過去にまで戻ることができます。ここでは、Edgeの履歴の使い方を説明します。

履歴を使って前に閲覧したページに戻る

手順1 履歴を開く

Edgeを開いて、右上端の[…]ボタンをクリックします。

時短 タブを閉じる

[Ctrl]+[W]キー
または
[Ctrl]+[F4]キー

手順2 「履歴」を表示する

Edgeの設定メニューが表示されます。このメニューから各種設定を行います。「履歴」をクリックします。

便利技 履歴をクリアする

何らかの都合で履歴を消したいときは、「閲覧データをクリア」ボタンを選択します。「閲覧データをクリア」が表示されるので、「閲覧の履歴」にチェックが入っていることを確認して[今すぐクリア]ボタンをクリックすると、履歴がクリアされます。

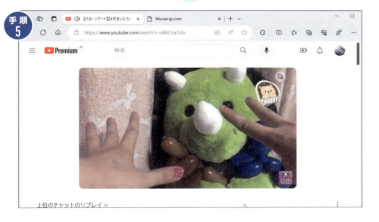

 手順3　履歴が表示された

「履歴」画面が表示されました。
これまでに開いたWebページの履歴が、時系列で表示されます。古い履歴はスクロールして見ることができます。

便利技　履歴をピン留めする

履歴は、画面の履歴部分以外をクリックすると消えてしまいます。消えては困る場合は［ピン留め］ボタンをクリックします。これで、履歴が常時表示されるようになります。

 手順4　見たいページを選択

「履歴」画面をスクロールして、見たいWebページを探してください。日付や時間が表示されているので、これらを目安にすると見たいWebページを素早く探せます。見たいWebページが見つかったら、クリックすることで表示できます。

メモ　履歴をタブやウィンドウで開く

履歴を右クリックし、表示されるメニューから「新しいタブで開く」を選択すると、選択した履歴のページが新しいタブで開きます。
「新しいウィンドウで開く」を選択すると、新しいウィンドウで開きます。

 手順5　選択したWebページが表示された

これで、探していたWebページが表示されました。
この手順を使えば、URLがわからないWebページでも、アクセスしたことがあるページなら簡単に表示させることができます。

インターネットを楽しもう

SECTION ▶ キーワード ▶ お気に入り／Webページ／Edge

61 Webページを「お気に入り」に登録する

Webページの中には、再び訪れたいと思うものがあります。そんなページは、「お気に入り」に登録しておくことで、簡単に再訪問できるようになります。ここでは、Edgeの「お気に入り」の使い方を詳しく説明します。

よく訪れるページを「お気に入り」に登録する

手順1 目的のWebページを表示する

頻繁に訪れるWebページをEdgeで開いてください。

時短 現在のページをお気に入りに登録

[Ctrl] + [D] キー

手順1 ［お気に入り］に登録したいWebページを表示

手順2 ❶［お気に入りに追加］ボタンをクリック

手順2 「お気に入り」を選択する

「お気に入り」に登録したいWebページを表示できたら、アドレスバーの右端にある［お気に入りに追加］ボタンをクリックしてください。

便利技 お気に入りはフォルダーで分類する

「お気に入り」では、新しく追加したWebページは、最後尾に追加されます。そのため、お気に入りの数が増えてくると、目的のページを探すことになります。解決策として、フォルダーを作ってお気に入りを分類して保存しましょう。

手順3　作成先を指定する

「お気に入りの編集」画面が表示されました。フォルダーの「V」をクリックすると選択項目が表示されるので、「その他のお気に入り」を選択します。最初は「その他のお気に入り」を使い、慣れてから別フォルダーを使うとよいでしょう。

便利技　お気に入りの作成先

作成先に「その他のお気に入り」を選ぶと、お気に入りリストの最後に追加されます。また、フォルダー名を選択すると、選択したフォルダーに追加されます。

手順4　「お気に入り」に追加する

「お気に入りの編集」画面で「名前」と「フォルダー」を確認してください。
名前は、表示しているWebページから自動的に読み込まれますが、変更してもかまいません。フォルダーは、先に選択した「その他のお気に入り」になっています。確認できたら［完了］ボタンをクリックしてください。これで、お気に入りに登録されました。

裏技　お気に入りバーに追加する

追加先として「お気に入りバー」を選択すると、Webページはお気に入りバーに追加されます。お気に入りバーは、お気に入り一覧の先頭に表示されるほか、新しいタブを開くとアドレスバーの下に表示されるほか、新しいタブを開くとアドレスバーの下に表示されるので、素早く選択することができます。

▲作成先をお気に入りバーにする　　▲お気に入りバーに追加された

SECTION　キーワード ▶ お気に入り／登録／削除

62 お気に入りに登録したページを訪問する

「お気に入り」に登録したWebページは、お気に入りから簡単に訪問できます。ここでは、前のSECTIONでお気に入りに登録したWebページを訪問する手順について詳しく説明します。また、お気に入りに登録したページの整理手順も説明します。

「お気に入り」の一覧を表示する

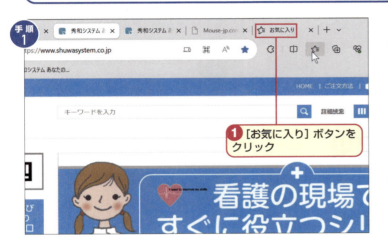

手順1 [お気に入り] ボタンを選択する

Web画面の右上にある[お気に入り]ボタンをクリックしてください。

 お気に入りを開く

[Ctrl] + [Shift] + [O] キー

 名前を変更する

お気に入りの項目（お気に入りのWebページ）を右クリックし、表示されるメニューから「名前の変更」を選択すると、名前を変更できます。

手順2 お気に入りの一覧を表示する

「お気に入り」の一覧が表示されました。この説明例ではフォルダーを追加していないので、「お気に入りバー」のほかには「その他のお気に入り」しか表示されていません。
「その他のお気に入り」をクリックしてください。

目的のお気に入りページを表示する

手順1

手順2

手順3　お気に入りのWebページを選択する

お気に入りからWebページを選ぶと、現在Edgeに表示されているWebページから、選択したWebページへと切り替わります。

メモ　お気に入りを新たなタブに表示する

「お気に入り」の画面でお気に入りのWebページを右クリックすると、メニューが表示されます。表示されたメニューの「新しいタブを開く」をクリックすると、お気に入りのWebページが新しいタブとして表示されるので、いま見ているWebページと、タブを切り替えて表示することができます。

手順4　Webページが表示された

秀和システムのWebページが表示されました。

便利技　お気に入りを検索

Edgeの[お気に入り]ボタンをクリックし、表示される「お気に入り」画面の検索ボタンをクリックすると、お気に入りの中を検索することができます。

裏技　お気に入りの一覧から削除する

利用しなくなったお気に入りは、邪魔なだけなので削除しましょう。

削除するにはまず、お気に入りの一覧に表示された中から削除する名前をマウスで右クリックします。するとメニューが表示されるので、その中にある「削除」をクリックします。これで、削除は完了です。

インターネットを楽しもう

SECTION キーワード ▶ Bing／Google／検索エンジン

63 検索エンジンを変更する

初期設定では、「検索エンジン」は「Bing」になっていますが、変更することも可能です。ここでは、変更および元に戻す手順を説明します。なお、Edgeは画面の幅によって[設定]画面の表示が異なります。ここでは画面を広げた状態で説明します。

検索エンジンをGoogleに変更する

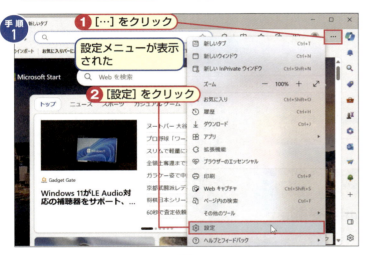

 Edgeの「設定」を開く

検索エンジンの変更方法を説明します。最初にEdgeの画面の右上にある「…」をクリックし、表示されたメニューから「設定」をクリックしてください。

メモ 検索エンジンの初期値

Edgeの初期値は「Bing」です。Web検索はBingを使って行われます。

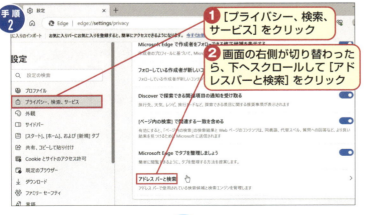

 「アドレスバーと検索」を選択する

設定画面に切り替わりました。「プライバシー、検索、サービス」をクリックしてください。次に画面の右側のスクロールバーで、「サービス」欄の[アドレスバーと検索]が表示されるまで下へスクロールし、ここをクリックしてください。

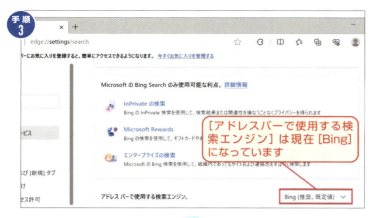

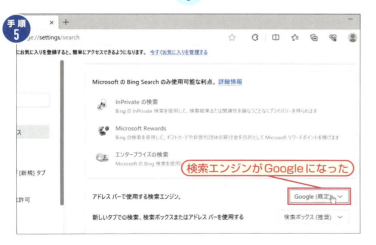

手順3 現在の検索エンジンを確認する

「アドレスバーと検索」の項目が表示されました。「アドレスバーで使用する検索エンジン」は「Bing（推奨、既定値） V」と表示されています（表示が異なる場合は検索エンジンが変更されています）。

手順4 一覧から「Google」を選択する

「アドレスバーで使用する検索エンジン」に「Bing（推奨、既定値） V」と表示されている場合は、「Bing（推奨、既定値） V」をクリックします。すると選択項目が表示されるので、ここでは「Google」をクリックしてください。

メモ 他の検索エンジンを指定する

Yahoo! JAPAN、百度、DuckDuckGoも既定の検索エンジンに指定できます。

手順5 Googleが既定の検索エンジンになった

選択項目が消えて、[アドレスバーで使用する検索エンジン]が[Google（既定） V]となれば、検索エンジンの変更は完了です。同様の手順で、検索エンジンは自由に変更できます。

注意 検索エンジン

「検索エンジンの管理」で、選択項目として表示されていない検索エンジンを登録することも可能です。ただし、新たに検索エンジンを登録しても、既定のエンジンにしなければ検索に使われないので、注意しましょう。

SECTION キーワード ▶ Edge／検索／検索エンジン

64 Webページを検索する

WebブラウザーでWebページを検索するには、検索エンジンを使います。ここでは、前SECTIONで既定の検索エンジンに変更したGoogleを使って、EdgeでWebページを検索してみます。

GoogleでWebページを検索する

 手順1 アドレスバーに検索語を入力する

Edgeのアドレスバーに検索語を直接入力するだけです。
ここではアドレスバーに、「秀和システム」と入力してください。

便利技 検索の精度を高めるには

1つの検索語よりは、複数の検索語を入れたほうが、検索精度は高くなります。複数の検索語を入力する場合は、検索語を空白で区切ります。

 手順2 検索エンジンを選択する

検索語を入力するとアドレバーが下に広がり、検索語に関連するワードを含んだリストが表示されます。この例では「秀和システム」だけでGoogle検索を行うので、「秀和システム-Google検索」をクリックします。

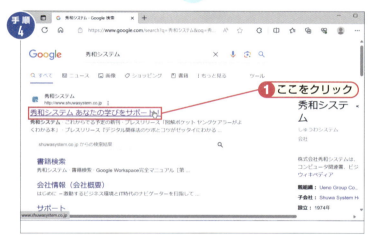

 検索結果が表示された

検索結果は、検索したユーザーに有益だと思われる順で表示されます。そのため、同じ検索語でも検索結果の表示順が異なる場合があります。

 長いWebページの中で検索をするには

Webページ内を検索する機能を使えば、目的の箇所や言葉を楽に探すことができます。そのためには「…」→「ページ内検索」を使います。詳しくはSECTION68を参照してください。

 目的のWebページを選択する

「秀和システム」を検索したので、会社の運営する公式のWebページが先頭に表示されています。先頭に表示された「秀和システム あなたの学びをサポート！」をクリックします。

 候補を上手に使って時短をする

「秀和システム」と入力するだけで、「秀和システム 書籍」や「秀和システム ダウンロード」など、検索語として多く利用されるので、そこから選択できているものが表示されます。

 目的のWebページが表示された

秀和システムのWebページが表示されました。検索は成功です。

 検索エンジンを変更する

Edgeがインターネット検索で利用する検索エンジンは、好みにより変更できます。詳しくはSECTION63を参照してください。

171

SECTION　キーワード ▶ 文字サイズ／拡大／縮小

65 Webページの文字を拡大・縮小してみる

Webページによっては、文字が小さく（大きく）て読みにくい場合があります。そんなときは、文字サイズを見やすい大きさに変更することができます。ここでは、Windows11標準のWebブラウザーであるEdgeを使って文字サイズの変更手順を説明します。

Webページの文字を大きく（小さく）してみる

 手順1

 手順1　Webページを表示する

Edgeの標準設定でWebページを表示しています。文字が小さくて読めないと感じる人もいると思います。そこで、Webページの表示を拡大してみましょう。

 手順2

 手順2　Edgeの設定メニューを表示する

表示サイズの変更はEdgeの「設定」から行います。画面右上の［…］をクリックすると「設定」メニューが表示されます。表示サイズは「ズーム」のボタンで変更します。標準が「100％」です。

メモ　画面の拡大と縮小の方法

Edgeで画面表示を拡大・縮小する方法は3つあります。
①設定の［＋］［－］ボタンで変更
②［Ctrl］＋［＋］で拡大、［Ctrl］＋［－］で縮小
③［Ctrl］キーを押しながらマウスのホイールで拡大・縮小

172

拡大表示する

ズームの［＋］ボタンをクリックしてください。
表示サイズが100％から110％に拡大されます。

メモ　拡大鏡を使う

Edgeで文字を拡大・縮小するほかに、表示自体を拡大する「拡大鏡」も使えます。タスクバーの検索ボックスに「拡大鏡」と入力して起動することもできます。

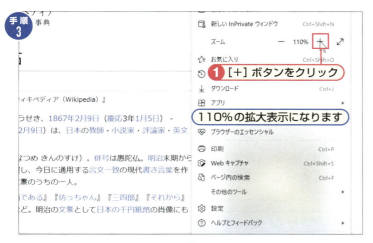

さらに拡大表示する

もう一度［＋］ボタンをクリックします。表示サイズが125％になりました。
［＋］ボタンで拡大する場合、拡大率は100→110→125→150→175→200→250→300→400→500％のように変化し、最大は500％です。

便利技　マウスのホイールで拡大・縮小する

［Ctrl］キーを押しながらマウスのホイールを回転させて拡大・縮小することもできます。

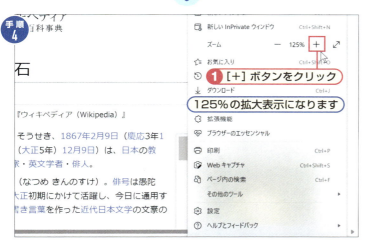

縮小表示する

拡大率を変更すると、そのままの設定が維持されます。
拡大した画面を縮小してみましょう。拡大時と同様に、設定メニューのズームで［－］ボタンをクリックします。すると125％から110％の拡大表示に戻りました。

注意　Edgeを全画面で表示する

画面右上の［全画面表示］ボタンをクリックすると、Edgeが全画面表示になります。なお、［全画面表示］ボタンは［元に戻す］ボタンに変わるので、クリックすると元の表示に戻ります。

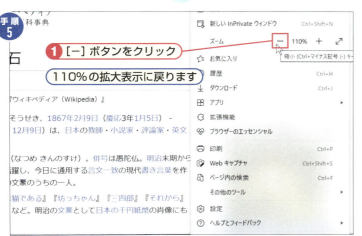

6　インターネットを楽しもう

173

SECTION　キーワード ▶ 印刷／プリンター／PDF

66 Webページを印刷する

Webページの中には「割引クーポン券」や観光地の「案内地図」など、プリンターで紙に印刷したいページもあります。また、共有するので紙ではなくPDFファイルとして保存したいというニーズもあります。ここでは、Edgeでの印刷手順とPDFの作成手順を説明します。

Webページの内容をプリンターで印刷する

手順1

画面では見えていない部分が印刷されることもあります

 印刷したいページを表示する

Edgeで表示中のWebページをプリンターで印刷する手順を説明します。

 プリンターの準備

パソコンに接続されたプリンターが印刷可能な状態だという前提で説明しています。

 プリンターを確認する

タスクバーの[スタート]ボタン→「設定」→「Bluetoothとデバイス」→「プリンターとスキャナー」とクリックすると、接続されたプリンターの一覧が表示されます。

手順2

❶ […]ボタンをクリック
❷ [印刷]をクリック

 「印刷」を選択する

印刷はEdgeの設定画面から行います。[…]ボタンをクリックし、表示されたメニューから「印刷」をクリックします。

174

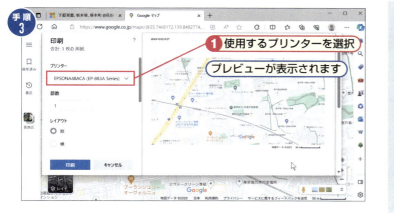

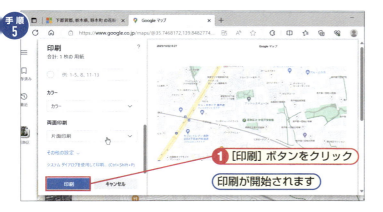

 「印刷」画面が表示された

「プリンター」の欄の「v」をクリックし、使用するプリンターを選択します。
プリンターを選択すると、そのプリンターが印刷できるイメージがプレビューとして表示されます。
なお、「Fax」、「Microsoft Print to PDF」、「Microsoft XPS Document Writer」、「OneNote」は「仮想プリンター」であり、プリンターのように動作しますが、印刷ではなくファイルとして出力します。

 印刷の設定を行う

印刷設定の項目はプリンターによって異なります。ここでは、全ページ、カラー、片面印刷を設定しています。

便利技　特定のページだけ印刷する

設定は印刷設定の「ページ」欄で「例: 1-5、8、11-13」の表示があるボックスを選択します。このボックスに、印刷したいページを数字で入力します。

 印刷を実行する

印刷画面左下の［印刷］ボタンをクリックしてください。しばらくしても印刷が始まらない場合は、プリンターが印刷できる状態かどうか確認してください。

 詳細な印刷設定をしたい

印刷画面の「その他の設定 V」をクリックしてください。

紙ではなく電子データとして保存したい場合は、プリンターとして「PDFとして保存」を選択すると、WebページをPDFファイルとして保存できます。

SECTION

キーワード ▶ スタートページ／設定／URL

67 起動時に表示される ページを設定する

Edgeを起動したときに表示されるWebページを「スタートページ」と呼びます。Edgeのスタートページは、自分の好きなページに変更できます。ここでは、スタートページの設定を変更する手順について解説します。

スタートページを好きなページに変更する

 Edgeの設定を開く

初期設定ではMicrosoft社のポータルサイトが表示されます。そこで、好きなページをスタートページに設定する手順を説明します。Edgeの画面で［…］ボタンをクリックしてください。

メモ Edgeの起動時の選択項目とは

選択項目として「新しいタブページを開く」、「前のセッションからタブを開く」、「これらのページを開く」の3つがあります。

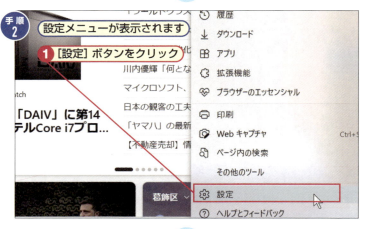

 「設定」を選択する

Edgeの設定メニューが表示されました。表示された中の「設定」をクリックしてください。

メモ 「新しいタブページを開く」とは

「新しいタブページを開く」を選択すると、次回以降、Edgeの標準のスタートページが表示されます（初期値に戻ります）。

176

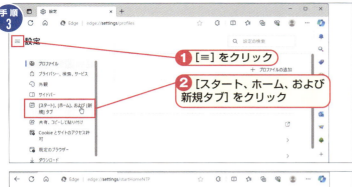

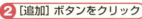

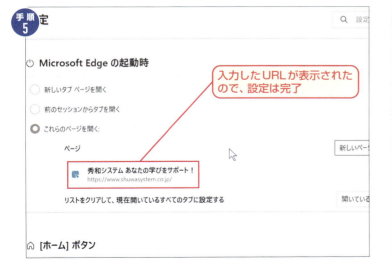

特定のページを選択する

最初にクリックする［≡］は、Edgeの画面幅が広いと表示されません。その場合は、画面左側の「［スタート］、［ホーム］、および［新規］タブ」からクリックしてください。
画面の右側が「Microsoft Edgeの起動時」に切り替わりました。［これらのページを開く］をクリックしてください。「ページ」欄で［新しいページを追加してください］をクリックします。

「前のセクションからタブを開く」とは

「Microsoft Edgeの起動時」の選択項目として「前のセクションからタブを開く」を選択すると、次回以降は、Edge終了時に開いていたWebページがスタートページとして表示されます。

ページのURLを入力する

ダイアログ画面が表示されます。
スタートページにしたいWebページのURLを入力します。入力できたら［追加］ボタンをクリックすると、ダイアログボックスが閉じます。

設定が完了した

表示がEdgeの設定画面に戻ります。入力したURLが「ページ」欄の下に正しく表示されていれば、設定は完了です。

次回以降のEdgeの起動

Edgeを設定してスタートページを変更しましたが、有効になるのは「Edgeを終了してから、改めてEdgeを起動したとき」となります。この例でいえば、次回の起動時にはスタートページとして秀和システムのWebページが表示されます。

177

SECTION キーワード ▶ 検索／ページ内／検索語

68 検索機能を使ってWebページ内を検索する

長いWebページの中のどこかに探している情報があるのですが、Webページを全部読んで探す時間がありません。そんなときは、Edgeの「Webページ内検索」機能を使って、検索語のある場所を探せます。ここでは、Edge自体の検索機能の使い方を具体的に説明します。

Webページ内のテキストを検索する

① […] ボタンをクリック
② [ページ内の検索] をクリック

検索ボックスが表示されます

手順1　メニューを選択する

Edge画面で [...] ボタンをクリックしてください。設定メニューが表示されるので、「ページ内の検索」をクリックしてください。

 ページ内の検索とは

Webページ内を検索する機能です。選択すると「ページ内の検索」ボックスが表示されるので、そこに検索語を入力します。するとページ内の検索が行われて、該当する文字の背景に色が表示されます。

手順2　検索ボックスが表示された

この検索ボックスに検索語を入力して [Enter] キーを押すと、検索ができます。

 検索できる検索語は1つ

Webページ内の検索機能は、1つの言葉を探す機能です。
例えば、「男性」で検索すると男性という文字だけを検索して表示します。

検索したい検索語を入力する

検索ボックスに「大助」と入力して[Enter]キーを押すと検索が行われ、最初に現れた「検索語と一致する文字列」の背景がオレンジ色で表示されます。2つ目以降の文字列の背景は黄色で表示されます。

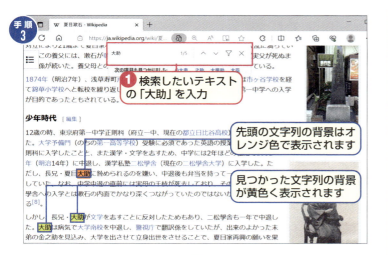

 検索語が見つからない

検索語がWebページ内で見つからなかった場合は、何の変化も起きません。

 全角と半角を区別しない

数字やアルファベットの全角と半角は区別されません。

 次のテキストを検索する

検索語にヒットした文字列が複数ある場合は、検索ボックス横の[∨]と[∧]がクリックできます。
最初に[∨]をクリックしてください。次に見つかった文字列に選択が移り、背景がオレンジ色に変わりました。

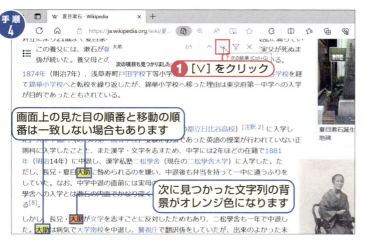

 Webページ内の検索

[Ctrl]+[F]キー

 前のテキストに戻る

[∧]をクリックしてください。最初にオレンジ色で表示された文字列に選択が戻り、オレンジ色で表示されました。

 Webページ内の検索を終了する

「検索」ボックスの右側に表示されている[×](閉じる)ボタンをクリックしてください。

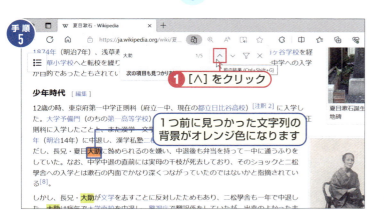

179

SECTION キーワード ▶ 拡張機能／クローム／Office

69 拡張機能をインストールして強化する

EdgeはWebブラウザーとして必要な機能を備えています。さらに、新しいサービスや新機能に対応する仕組みとして「拡張機能」まで用意されています。ここでは、Edgeに「拡張機能」をインストールする手順を説明します。

拡張機能を追加する

 Edgeの設定を開く

拡張機能の追加は、Edgeの設定メニューから行います。[…] ボタンをクリックして設定メニューを開き、[拡張機能] をクリックしてください。

メモ 拡張機能とは

「Edge」の機能を拡張（追加）するための専用アプリです。「アドオン」と呼ばれることもあります。拡張機能はMicrosoft Storeで配布されており、インストールにはMicrosoftアカウントが必要です。

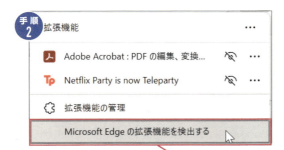

 拡張機能を検索する

新しいタブが増えて、増えた画面に拡張機能のページが表示されました。
ここで、「Microsoft Edgeの拡張機能を検出する」をクリックしてください。

 注意 拡張機能が登録されたことを確認する

インストール済みの拡張機能があれば、手順2の画面で、登録された拡張機能が先頭に表示されます。

拡張機能が表示された

左側には選べるカテゴリが並んで表示されます。右側に拡張機能が表示されます。ここでは「編集者のおすすめ」をクリックし、右側に表示された拡張機能から「Lingvanex 翻訳者と辞書」を選択したいので、横にある［インストール］ボタンをクリックします。

便利技 Edgeで使う拡張機能

例えば「Office」の拡張機能をインストールすると、Edge上でExcelやWordのファイルを表示できます。また、PDFをEdgeで表示する拡張機能などもあります。

確認メッセージが表示された

確認のダイアログボックスが表示されます。「拡張機能の追加」をクリックしてください。

便利技 拡張機能のアンインストール

「…」→「拡張機能」を選択すると、インストールした拡張機能の一覧が表示されます。ここで、アンインストールしたい拡張機能の「削除」をクリックします。

拡張機能が追加された

例として拡張機能「Lingvanex 翻訳者と辞書」を追加しました。これにより、110以上の言語へのWeb翻訳やドキュメント翻訳が可能となります。

裏技 クローム用拡張機能を追加する

手順2の画面で「Chromeウェブストア」をクリックすると、EdgeにGoogleのクローム用の拡張機能をインストールできます。

6 インターネットを楽しもう

181

SECTION キーワード ▶ Edge／クローム／拡張機能

70 クローム用拡張機能を追加する

WebブラウザーのEdgeには、最新のWeb機能や便利な機能などを必要に応じて追加できる「拡張機能」の仕組みが用意されています。Microsoftが用意したEdge用の機能拡張だけでなく、Googleのクローム（Chrome）用の拡張機能も使えます。

クローム（Chrome）用拡張機能をインストールする

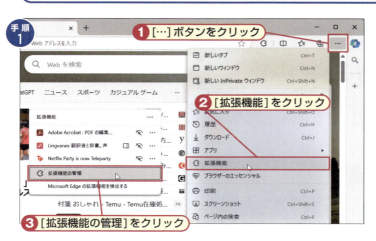

手順1　他のストアから拡張機能をインストールする

前のSECTIONの手順1と同様にして拡張機能のページを表示してください。
画面左下の「他のストアからの拡張機能を許可します」をクリックして有効（青く）にしてください。

手順2　EdgeでクロームWebストアを開く

画面下にある［Chromeウェブストア］をクリックして、クロームWebストアを開きます。

メモ　クロームとは

クロームとはGoogle製のWebブラウザーのこと。正式には「Google Chrome」と表記しますが、本書の中では、「Googleクローム」または「クローム」と表記しています。

手順3 Edgeに追加したい拡張機能を選択する

クロームWebストアが開きました。
ここでは、ChatGPTのサイドバーを表示する「ChatGPT Sidebar」をクリックしてください。

手順4 「インストール」をクリックする

「ChatGPT Sidebar」のページが開きました。「ChatGPT Sidebar」の機能や概要などが表示されています。
Edgeの機能拡張として「ChatGPT Sidebar」を加えるので、「インストール」をクリックしてください。

手順5 メッセージが表示されたら「拡張機能の追加」をクリック

機能拡張からのダイアログボックスが表示されました。Edgeを認識しているので[拡張機能の追加]をクリックして機能を拡張します。

6 インターネットを楽しもう

SECTION キーワード ▶ PDF／コメント／ハイライト

71 PDFファイルを閲覧、編集する

PDFファイルを開くには、通常は専用のアプリ（「Adobe Reader」など）が必要になります。しかしながらWindows11では、Edgeを使ってPDFファイルを表示することができます。表示だけでなく、コメントを書くなど簡単な編集機能も備えています。

Edgeの画面でPDFを閲覧する

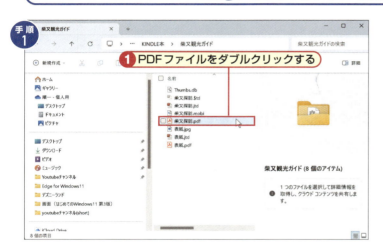

①PDFファイルをダブルクリックする

Edgeが起動してPDFファイルが表示された

手順1　PDFファイルを選択する

PDFファイルが入ったフォルダーを表示してください。
エクスプローラーの「種類」を見れば、どれがPDFファイルなのかわかります。表示したいPDFファイルをダブルクリックしてください。

便利技　コメントを付ける

コメントを付けるには、文字列の選択後に「コメントを追加する」をクリックします。

手順2　ファイルがEdgeで表示される

Windows11の初期設定では、PDFファイルはEdgeで表示されることになっています。そのため、通常はEdgeが起動してPDFファイルが表示されます。

注意　Edge以外が起動したとき

PDFファイルを右クリックし、表示されるメニューから「プログラムから開く」→「Microsoft Edge」を選択してください。

PDFファイルを編集してハイライトを付ける

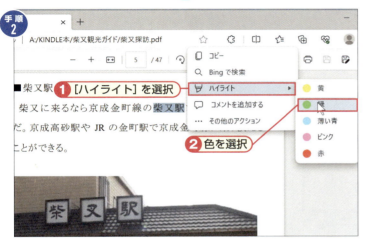

 手順1　ハイライトを付けたい文字列を選択する

PDFにコメントを加えるだけでなく、重要箇所をハイライト表示することも可能です。まず、ハイライトを加えたい文字をドラッグして選択します。

便利技　音声で読み上げる

アドレスバー下のメニューにある [⋯] − [音声で読み上げる] ボタンをクリックすると、PDFの文字部分を読み上げてくれます。

 手順2　ハイライトと色を選択する

ハイライト表示したい文字列をドラッグして選択表示されるメニューの「ハイライト」にマウスカーソルを重ねると、右横に使える色（黄、緑、薄い青、ピンク、赤）が表示されるので、使う色をクリックしてください。選択した色でハイライトが表示されます。

便利技　コメントを編集する

コメントを編集するには、コメントが設定されている文字列を右クリックして、メニューから [コメントを開く] をクリックします。

 手順3　ハイライトが付けられた

ハイライトを取り消す場合は、ハイライトされている文字列を右クリックし、メニューからハイライトを選ぶと色の中に「なし」があるので、これを選択します。

 便利技　編集したPDFを保存する

[上書き保存] ボタンか [名前を付けて保存] ボタンをクリックして、編集したPDFファイルを保存できます。

SECTION | キーワード ▶ コレクション／グループ

72 Webページを グループ分けする

Edgeの「コレクション」は「お気に入り」と似ていますが、WebページのURLを記録する「お気に入り」と違い、コレクションはWebページ内の画像やテキストなど選択した部分だけの収集もできます。あとで開いてWordやExcelに取り込むことができます。

Webページをグループ分けする

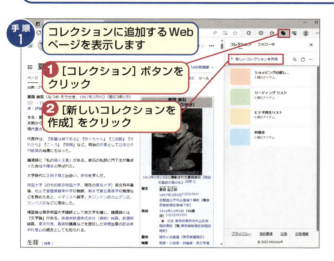

手順1
コレクションに追加するWebページを表示します
① [コレクション] ボタンをクリック
② [新しいコレクションを作成] をクリック

 手順1 **新しいコレクションを開始する**

[コレクション] ボタンをクリックすると、コレクションの画面が開きます。
初回だけコレクションの説明が表示されます。[次へ] ボタンで先に進めて、[OK] と [今は行わない] が表示されたら [今は行わない] をクリックしてください。
次に [新しいコレクションを作成] をクリックします。

手順2
① ここでは「Wiki」という名前を付ける
② 「保存」をクリックし、続けて [+] をクリック
コレクションに現在のページが追加された

 手順2 **現在のページをコレクションに追加する**

ここでは、例として名前を「NHK」としています。
続いて「+」をクリックしてください。コレクションに現在のページが追加されました。

 メモ **コレクションの一覧を表示する**

[コレクション] ボタンをクリックすると、コレクションの一覧が表示されます。

7章

メールを使ってみよう

Windows11の24H2では、標準のメールソフトは
Outlook(new)です。これはWebサービスのOutlook.
comをベースにしたアプリで、Microsoft365やOffice
に含まれるOutloookと名前は同じですが、別物です。
ここでは、新たなメールソフト「Outlook(new)」の使い方
を解説します。

SECTION ▶ キーワード ▶ メール／Web メール／Outlook

73 Outlook を起動する

Outlookでは、メールの送受信ならびにメールの検索やプリントなどができます。ここでは、Outlookを起動する方法と終了する方法を解説します。

Outlook を起動する

手順1 ① [スタート] ボタンをクリック
スタートメニューが表示されます

手順1 スタートメニューを表示する

[スタート] ボタンをクリックすると、スタートメニューを表示することができます。

メモ Outlookとは

Windows11に標準で付属するので、インストール不要ですぐに利用できます。メールを普通に利用する範囲で必要な機能は備えています。
OfficeアプリのOutlookとはまったく違うものです。

手順2 ① [すべて] をクリック

手順2 アプリの一覧を表示する

「すべて」をクリックすると、アプリの一覧が表示されます。

188

Outlook を起動する

アプリの一覧から「Outlook(new)」をクリックすると、Outlookが起動します。

 スタートメニューや タスクバーから起動する

スタートメニューにOutlookがピン留めしてあれば、それをクリックしてOutlookを起動することができます。また、タスクバーにOutlookをピン留めしてあれば、それをクリックしてOutlookを起動することができます。

 ## アカウントを入力する

はじめてOutlookを起動したときにはメールアカウントを聞いてきます。通常、おすすめのアカウントのままで「続行」をクリックします。

 質問に答える

はじめてOutlookを起動したときには、このあといくつか提案や質問が表示されるので、それらに答えるかスキップしてください。

 ## Outlook が起動した

Outlookが起動しました。最初は受信トレイの内容が表示されます。

 Outlook を終了する

Outlookを終了するには、Outlookウィンドウの右上に表示されている[×]ボタンをクリックしてください。

SECTION　キーワード ▶ 宛先／メールアドレス／連絡先

74 メールを送信する

電子メールを送信しましょう。手順としては、メールを送信する相手を決めてアドレスを入力し、文面（メッセージ）を入力して送信します。

メールを送信する

手順1 メール作成画面を表示する

「新規メール」をクリックすると、右側にメール作成画面が表示されます。

メモ 差出人

差出人は自分のアカウントのメールアドレスになります。

手順2 宛先のメールアドレスを入力する

メール作成画面が表示されたら、メールの送信先（宛先）を入力しましょう。

メモ 連絡先からも選択できる

アドレスが連絡先に登録されていれば、連絡先からアドレスを選択することもできます。

190

 件名とメッセージを入力する

宛先を入力したら、次に件名（タイトル）とメッセージを入力します。

 CC欄

CC欄には、メールを写しとして本来の送信先以外に送りたい場合に、宛先（メールアドレス）を記入します。CC欄で誰に送られたかは、本来の受信者およびCC欄での受信者の全員が知ることができます。

 送信する

[送信] ボタンをクリックすると、メールは直ちに送信されます。送信したメールを取り消すことはできません。

 BCC欄

複数の人にメールを送るときに「BCC欄」も使いますが、受信者には「自分以外の誰にメールが送られたのか」がわかりません。そのため、不特定多数を対象としたダイレクトメールの発送などによく使われます。

 送信したことを確認する

送信したメールは「送信済みアイテム」に格納されます。確認してみましょう。

 CC欄とBCC欄を表示する

通常、CC欄とBCC欄は表示されていませんが、宛先欄の右に表示されている「Cc BCC」をクリックすると、CC欄とBCC欄が表示されます。

SECTION　キーワード ▶ 受信／返信／CC

75 メールを返信する

Outlookにはメールの返信機能があります。返信なら「宛先」や「件名」が自動入力され、受け取った本文も引用されるので、返信を楽に書くことができます。ここでは、受信したメールに返信する手順を説明します。

返信メールを送信する

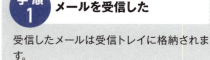 **メールを受信した**

受信したメールは受信トレイに格納されます。

メモ　メールの受信

メールの受信は自動的に行われます。

 返信するメールを選択する

受信トレイには、受信したメールが保存されています。返信をしたいメールをクリックして選択してください。選択したメールの内容が右に表示されるので、「返信」をクリックしてください。

 手順3 メール作成ウィンドウが表示された

宛先が自動的に入力されたメール作成ウィンドウが表示されます。

 宛先と件名

宛先とは、メールを送る場合の送り先（メールアドレス）です。宛先には自動的に受信メールの送信者が入ります。件名は、受信したメールの件名の頭に「RE:」が自動的に付き、返信の件名は「RE:件名」となります。

 手順4 返信メッセージを入力する

返信するメッセージを入力してください。なお、パソコンでも絵文字が使えますが、絵文字は相手のパソコンやスマホで正しく表示されないことがあるので注意してください。

 メールを転送する

受信したメールを他の人に転送する場合、転送するメールを選択して［転送］ボタンをクリックします。なお、件名は自動的に受信メールの件名に「FW:」が付いたものになります。

 手順5 送信する

［送信］ボタンをクリックすると、メッセージが送信されます。

 全員に返信する

「CC」メールへ返信する場合、「全員に返信」をクリックすると、送信先に指定された全員に返信されます。

SECTION キーワード ▶ 添付／ファイルサイズ

76 ファイルを添付してメールを送信する

メールで送れるのは文字だけではありません。写真やExcelファイルなどもメールで送ることができます。手順は、ファイルや写真をメールに添付して送信するだけです。ここでは、ファイルを添付する手順を紹介しましょう。

ファイルを添付してメールを送信する

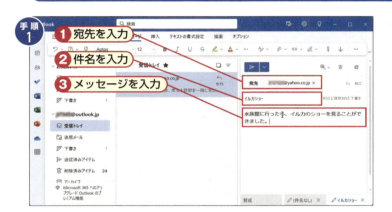

手順1　メール作成画面でメールを作成する

宛先、件名、メッセージなどを入力して、メールを作成します。

メモ 文字以外を送るには添付ファイルにする

通常のメールでは文字データしか送ることができません。文字以外のデータ（写真、Excelデータ、Word文書ファイルなど）を送りたい場合には、ファイルをメールに添付して送信します。

手順2　添付ファイルの場所を選択する

［添付ファイル］ボタンをクリックして、ファイルのある場所を選択します。ここでは、「このコンピュータから選択」を選択します。

便利技 複数のファイルを添付する

複数のファイルを選択するときは、最初のファイルをクリックしたあと、［Ctrl］キーを押しながら残りのファイルを順番にクリックします。これで、複数のファイルを選択してメールに添付できます。

手順3 添付するファイルを選択する

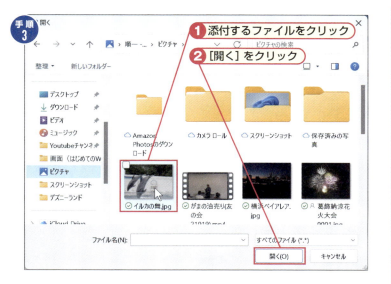

添付するファイルを選択します。ここでは、ピクチャフォルダーにある写真を選択しています。

注意 大きなファイルは添付しない

ファイルサイズが大きなファイルを添付すると、①「送信時間が長くなる」、②「受信が拒否される」、③「相手のメールサーバーがパンクする」といった問題が起こる可能性があります。そのため添付ファイルは最大でも数MB程度までにすることをおすすめします。

 手順4 ファイルが添付された

ファイルが添付されました。添付したファイルはメッセージ欄に表示されます。

 手順5 メールを送信する

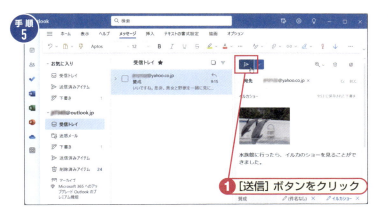

[送信] ボタンをクリックすると、ファイルを添付したメールが送信されます。

SECTION キーワード ▶ 署名／メール／挿入

77 署名を入力する

メールの最後に署名を付けたい場合、毎回署名を書くのは面倒です。その場合、署名を登録しておけば、簡単に署名を挿入することができます。複数の署名を登録することもできます。

署名を登録する

手順1 設定画面を表示する

[設定] ボタンをクリックします。すると、設定画面が表示されます。

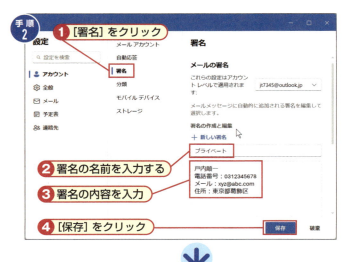

手順2 メールアカウントの設定画面が表示される

メールアカウントの設定画面が表示されるので、「署名」をクリックします。すると、右側に署名の入力ウィンドウが表示されるので、署名の名前と署名の内容を入力します。最後に [保存] ボタンをクリックして署名を保存します。

 終了する

登録画面が終了します。

 署名を編集する

「設定」－「署名」を選択すると、署名の編集画面が表示されます。ここで、署名を削除したり、内容を修正したりすることができます。

 複数の署名を登録する

「＋新しい署名」をクリックすると、新たな署名を入力することができます。こうして複数の署名を登録できます。

メールに署名を挿入する

 挿入したい署名を選択する

メール作成画面で[署名]ボタンをクリックし、挿入したい署名を選択します。

 署名が挿入された

メール本文の最後に署名が挿入されます。

SECTION　キーワード ▶ 検索／全文検索／検索範囲

78 メールを検索する

メールを使っていると、メールの送受信量は次第に増えていきます。そうなると、大量のメールの中から目的のメールを見つけるのが大変になってきます。そこで、メールが増えて探すのが面倒になったら、メールの検索機能を使いましょう。

全フォルダーを検索する

 検索場所を選択する

検索ボックスの左端の［虫眼鏡］アイコンをクリックすると、検索場所の選択画面が表示されます。ここから検索対象のフォルダーを選択します。ここでは、初期値である「すべてのフォルダー」を選択しました。

 複数のキーワードで検索できる

手順2で検索語を入力するとき、空白で区切れば複数の検索語を入力することができます。その場合は、すべての検索語を含んだメールが検索されます。

 検索語を入力する

検索語を入力します。最後に［虫眼鏡］アイコンをクリックするか、［Enter］キーを押します。

 全文検索する

検索ボックスに入力した検索語によるの検索の対象は「メッセージ」だけでなく、「件名」、「宛先」、「差出人」などすべてが含まれます。

手順3 見つかったメールが表示される

見つかったメールの一覧が表示されます。検索語は黄色く表示されます。ここで目的のメールをクリックすると、そのメールの内容が表示されます。

受信トレイのみ検索する

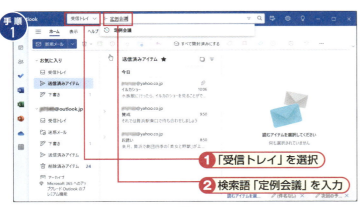

手順1 別のフォルダーを選択する

検索対象として先ほどは「すべてのフォルダー」を選択しましたが、今度は「受信トレイ」を選択しましょう。

メモ 検索の対象となるフォルダー

通常、検索の対象は「すべてのフォルダー」です。特定のフォルダーのみを検索の対象としたい場合には、「すべてのフォルダー」をクリックし、表示されるメニューから検索の対象となるフォルダーを選びます。

手順2 見つかったメールが表示される

今度は、受信トレイで見つかったメールが表示されます。

SECTION　キーワード ▶ メール／アドレス／アカウント追加

79 メールアカウントを追加する

「メールアドレスごとにOutlookアプリを起動して使い分ける」といったことはできませんが、Outlookには複数のメールアカウントを登録することができます。こうすると、1つのOutlookで複数のメールアドレスの送受信が可能になります。

メールアカウントを追加する

 手順1 「アカウントを追加」をクリック

ナビゲーションウィンドウを下にスクロールし、「アカウントを追加」をクリックします。

 メモ アカウントの設定画面を使う

[設定] ボタンをクリックしてメールアカウントの設定画面を表示し、そこから「アカウントの追加」をクリックしても、アカウントを追加できます。

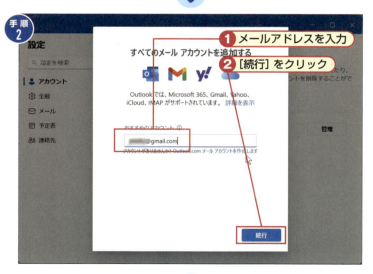

 手順2 メールアドレスを入力する

メールアカウントになるメールアドレスを入力します。

 メモ サポートされているメールアカウント

Outlookでサポートされているメールアカウントは、Microsoft 365、Gmail、Yahoo、iCloud、IMAPのいずれかです。

 手順3　続行する

次の画面が表示されたら、[続行] ボタンをクリックしてください。

 動的にメールアカウントが作られる

MicrosoftアカウントでWindows11にサインインしている場合、自動的にMicrosoftアカウントに対応したメールアカウントが作られます。

 手順4　アカウントを選択する

追加するアカウントをクリックします。ここでは、手順2で入力したアカウントをクリックします。

メールアカウントの設定手順はアカウントの種類により異なる

メールアカウントの設定手順は、アカウントの種類により異なります。ここでは、Googleアカウントの設定方法を記述しています。

 手順5　利用規約が表示される

利用規約が表示されます。同意する場合は「許可」をクリックします。さもなければ「キャンセル」をクリックします。

 手順6　メールアカウントが追加された

メールアカウントが正常に追加されると「成功!」と表示されます。最後に [完了] ボタンをクリックしてください。

 アカウントを削除する

ウィンドウ上部の [設定] ボタンをクリックし、メールアカウントの画面で削除したいアカウントの「管理」→「削除」を選択すると、アカウントを削除することができます。

SECTION　キーワード ▶ 削除／受信トレイ／削除済みアイテム

80 不要なメールを削除する

受信トレイに並ぶメールが多くなってくると、必要なメールを探すのが大変になります。また、内容的に保存したくないメールも出てきます。そこで、不要になったメールを削除する手順を説明します。不要メールを削除して、受信トレイをすっきりさせましょう。

メールを削除する

手順1　削除する

削除したいメールにマウスカーソルを合わせると、右側にごみ箱の形の[削除]アイコンが表示されるので、このアイコンをクリックします。

時短　メールを削除する

[Delete]キー
または
[Ctrl]+[D]キー

手順2　メールが削除された

メールが削除され、削除されたメールは「削除済みアイテム」フォルダーに移動します。

メモ　削除したメールは「削除済みアイテム」に入る

削除されたメールは「削除済みアイテム」に移動するので、ここを空にするまでは復元が可能です。

202

8章

パソコンの安全性を高めよう

Microsoft社が「Windows10を最終バージョンとする」という方針を覆したのは、セキュリティの強化が目的だといわれています。実際、Windows11を動かすためのハードウェアの条件はかなり厳しくなりました。この章では、ソフトウェア的にセキュリティを強化する方法を紹介しています。

SECTION

キーワード ▶ ファイアウォール／ハッカー／セキュリティ

81 インターネットから パソコンを守ろう

戸締まりが厳重な家ほど快適性が低くなります。パソコンも同様で、不正アクセスを防ぐ「ファイアウォール」の設定を厳重にすればするほど、いろいろと使い勝手が悪くなってきます。安全性と操作性のバランスを考えてファイアウォールを設定しましょう。

ファイアウォールの設定をする

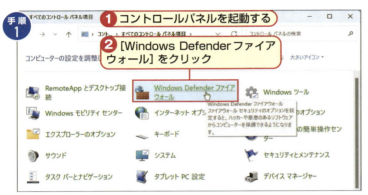

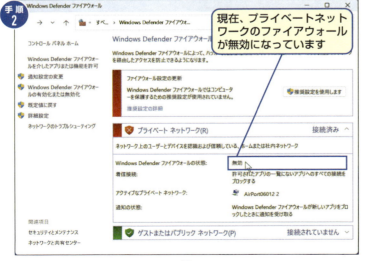

手順1 コントロールパネルを開く

Windows11の初期設定ではネットワークが無防備です。そこで、防御を固めるために「ファイアウォール」を設定します。「コントロールパネル」を使うので、スタートメニューのアプリ一覧から「Windowsツール」をクリックします。Windowsツールが表示されるので「コントロールパネル」をクリックし、「Windows Defenderファイアウォール」をクリックします。

手順2 現在のファイアウォールの状態が表示された

「Windows Defenderファイアウォール」の画面が表示されました。「ファイアウォール設定の更新」の左側が赤表示なのは警告を示しています。その下の「プライベートネットワーク」も赤です。これは、ファイアウォールが無効になっているためです。ファイアウォールを設定して、利用するインターネットサービス以外は閉じてみましょう。

手順3 ファイアウォールを有効にする

Windows11のファイアウォールを有効にするため、画面の左側にある「Windows Defenderファイアウォールの有効化または無効化」をクリックしてください。設定が開始されます。

❶ [Windows Defenderファイアウォールの有効化または無効化] をクリック

メモ ファイアウォールとは

本来は火災を防ぐ防火壁の意味ですが、パソコンでは、ネットワークからパソコンを守る「関所」のような機能を指します。
メールやWebなどのデータをネットワークの出入り口で選別し、安全性を確保する機能です。

手順4 ファイアウォールの状態を変更する

「設定のカスタマイズ」画面が表示されます。「各種類のネットワーク設定のカスタマイズ」と表示されていることを確認してから、「Windows Defenderファイアウォールを有効にする」をクリックして、オンにしてください。
画面右下の [OK] ボタンをクリックすれば、設定が完了します。

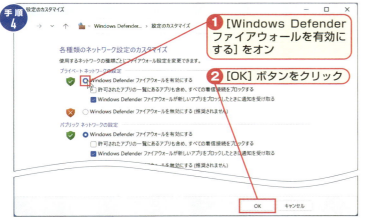

❶ [Windows Defenderファイアウォールを有効にする] をオン
❷ [OK] ボタンをクリック

手順5 ファイアウォールが有効に変わった

画面が「Windows DefenderファイアウォールによるPCの保護」に戻りました。赤い表示だった「プライベートネットワーク」が緑の表示になりました。
「Windows Defenderファイアウォールの状態」も「有効」になっているので、ファイアウォールが有効になっていることがわかります。

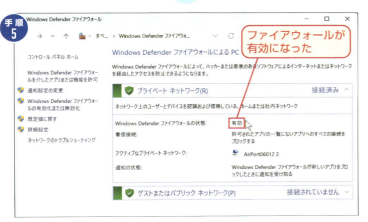

ファイアウォールが有効になった

メモ ハッカーとは

インターネットとコンピューターを使って電子的な各種の犯罪を行う者のことです。「クラッカー」と呼ぶこともあります。

205

SECTION

キーワード ▶ ウイルス／スパイウェア／Windows Defender

82 ウイルスやスパイウェアから パソコンを守る

人間は健康を保つために健康診断を行います。同様にパソコンを脅かす「ウイルス」や「スパイウェア」などへの対策が必須です。市販のウイルス対策ソフトがなくても、Windows11には「Windows Defender」というウイルス対策ソフトが含まれています。

ウイルスやスパイウェアを検出する

手順1 「Windows Defender」を開く

Windows Defenderの設定は、スタートメニューで表示される「設定」から始まります。「設定」をクリックすると「設定」画面が開くので、画面の左側にある［プライバシーとセキュリティ］をクリックしてください。画面右側の表示が切り替わったら、上のほうに表示されている［Windows セキュリティ］をクリックしてください。さらに表示が切り替わるので、［ウイルスと脅威の防止］をクリックしてください。

手順2 Windows Defender が起動した

「ウイルスと脅威の防止」画面の中央あたりにある［クイックスキャン］をクリックしてください。

メモ 自動的に実行される

Windows Defenderはいったん設定を行えば、Windows11の起動時に自動的に実行が開始されます。

手順 3　パソコン内部のスキャン（検査）が始まった

パソコン内部のスキャンが始まりました。スキャンの状況はプログレスバーと「推定残り時間」で示されます。クイックスキャンは簡易な調査ですが、ファイル数に応じてそれなりの時間がかかります。特にハードディスクはスキャンの時間が長くなりがちです。スキャンが終わるまで待ってください。途中で中止する場合は、「キャンセル」で中止できます。

ファイルの検査状況など実行経過が表示されます

注意　ウイルスやスパイウェアが検出されたら

ウイルスやスパイウェアを検出すると、検出されたウイルスなどの項目一覧が表示されます。そして、見つかった項目を削除するか復元するかを選択します。迷う場合は削除を選ぶことをおすすめします。

手順 4　PCをスキャンした結果が表示された

クイックスキャンが終了しました。スキャンが終わると、結果が手順4の画面のように表示されます。「現在の脅威はありません」と表示されていれば安心です。また、「0個の脅威が見つかりました」はウイルスなどを検出できなかったことを示しています。この例では、ウイルスやスパイウェアは検出されませんでした。

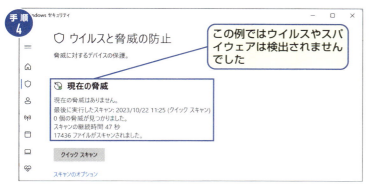

この例ではウイルスやスパイウェアは検出されませんでした

裏技　フルスキャンでより安全に検査する

　クイックスキャンは、重要な場所（ファイル）だけをスキャンする簡易な検査です。そのため、比較的短い時間でスキャンが完了するので、気になったらすぐに使えるメリットはありますが、安全性は十分とはいえません。パソコンのあらゆるハードディスク（HDD）やSSD上のすべてのファイルを徹底的に調べたいときは、「スキャンのオプション」にある「フルスキャン」を選択します。フルスキャンは、パソコン内部をより安全に検査することができます。ただし、クイックスキャンに比べてスキャンに長い時間がかかります。夜間などに行ったほうがよいでしょう。

「スキャンのオプション」を選択する

SECTION

キーワード ▶ 復元ポイント／回復／システムの復元

83 調子が悪いパソコンを元に戻す

パソコンの不調は、原因がわかれば対応もできますが、多くは原因不明です。そんなときに役立つのが「復元ポイント」です。調子のよいときに作っておいた「復元ポイント」（何個でも作れます）を用いて復元すれば、正常な状態に戻せる場合があります。

Windows11のシステムを復元する

手順1　コントロールパネルを開く

復元ポイントから復元しても問題が解決しない場合もあるので、過信は禁物です。コントロールパネルの「回復」をクリックして「高度な回復ツール」に進めてください。

便利技　コントロールパネルを素早く開く

タスクバーの検索ボックスに半角文字で「cp」と入力して[Enter]キーを押すと、コントロールパネルが表示されます。

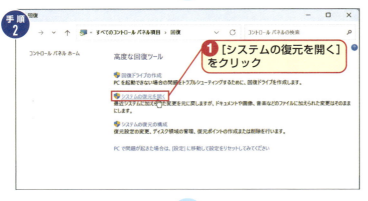

手順2　高度な回復ツールが表示された

画面が変わって「高度な回復ツール」が表示されました。「回復ドライブの作成」、「システムの復元を開く」、「システムの復元の構成」の3つの選択肢が表示されます。ここでは、「システムの復元を開く」をクリックしてください。

メモ　自動作成される復元ポイント

Windows Updateやアプリのインストールなどがあると、Windows11が自動的に「復元ポイント」を作ります。

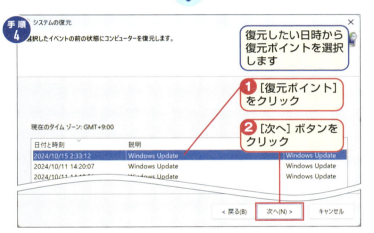

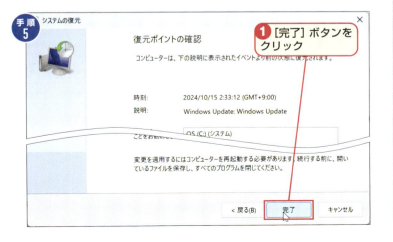

 システムの復元をする

システム復元の注意事項が表示されます。確認したら、画面の下部に表示された［次へ］ボタンをクリックしてください。

メモ ユーザーファイルは変わらない

復元を行っても、ユーザーのファイルやメール、履歴、お気に入りなどは変更されません。

 復元ポイントを選択する

画面が切り替わり、すでに作成されている復元ポイントが一覧で表示されました。Windows11を使い続けていると、復元ポイントは増え続けていきます。
さて、復元ポイントは「パソコンが正常に動いていた時点のもの」を選びましょう。ここでは最も新しい［復元ポイント］をクリックして、画面下の［次へ］ボタンをクリックします。

便利技 復元ポイントを作る

手順2の画面で「システムの復元の構成」を選択し、システムのプロパティ画面で［作成］ボタンをクリックします。

 復元ポイントを確認する

「復元ポイントの確認」まで進みました。表示されている「時刻」、「説明」、「ドライブ」を確認してください。また、画面の下部に表示されている注意事項も確認しましょう。確認したら［完了］ボタンをクリックしてください。「復元」を確認するメッセージが表示されるので、［はい］をクリックすると復元が開始されます。

8 パソコンの安全性を高めよう

209

SECTION

キーワード ▶ バックアップ／ファイル履歴／復元

84 重要なファイルを バックアップする

バックアップとは、重要なファイルを別の機器にコピーして二重化することです。これで、元ファイルが壊れてもバックアップから復元できます。Windows11には「ファイル履歴」というバックアップ機能が用意されており、履歴からのデータ復元もできます。

重要なファイルをバックアップする

手順1　コントロールパネルを開く

「ファイル履歴」は、コントロールパネルから操作をします。
コントロールパネルを開いたとき紙面と表示が違うときは、右上の「表示方法」欄で「大きいアイコン」を選択してください。紙面と同じ表示になるので、「ファイル履歴」をクリックしてください。

便利技　コントロールパネルを素早く開く

エクスプローラーのアドレスバーの左にある「↑」をクリックします。ツール類が表示されるので中の「コントロールパネル」をダブルクリックして開きます。

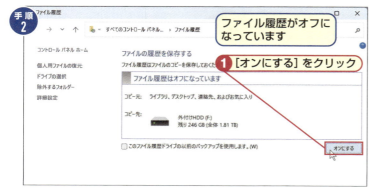

手順2　ファイル履歴が起動した

ファイル履歴の画面が表示されました。最初に「ファイル履歴がオフになっています」の表示を確認してください。
ファイル履歴がすでにオン（利用中）であれば、操作は不要です。オフであれば、右下の［オンにする］ボタンをクリックしてください。

210

手順 3 初回のバックアップが始まる

ファイル履歴が起動すると同時に、初回のファイルコピーが実行されます。
重要なファイルであっても「コピー元」に示されないファイルはバックアップされないので注意しましょう。

メモ オプションを使う

画面左側の「除外するフォルダー」をクリックすると、バックアップから除外するフォルダーを設定できます。

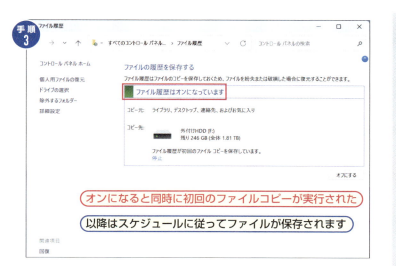

バックアップからファイルを復元する

手順 1 ファイル履歴画面が表示された

ファイル履歴によりバックアップしたファイルを使って、ファイルを復元する手順を説明します。
復元のときも「ファイル履歴」画面を開いてください。
画面が開いたら、左側にある[個人用ファイルの復元]をクリックします。

メモ バックアップの頻度を指定する

「詳細設定」をクリックすると、保存する頻度や期間を指定できます。

手順 2 最新のバックアップデータが表示された

画面下の[更新]ボタンをクリックします。これで、復元が開始されます。

注意 他のバージョンを選択する

最新のバックアップデータが最初に表示されます。他のデータで復元する場合は、[前のバージョン]ボタンや[次のバージョン]ボタンを使って目的のバックアップを選びます。

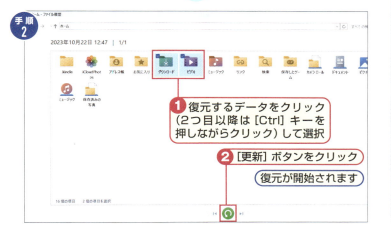

パソコンの安全性を高めよう

SECTION

キーワード ▶ ユーザーアカウント制御／UAC／レベル

85 突然表示される確認ボックスに対応する

Windows11の設定変更中、急にポップアップして表示される確認メッセージは、「ユーザーアカウント制御」と呼ばれるものです。あまりにも頻繁に表示されると煩わしくもあります。そこで、「ユーザーアカウント制御」の表示頻度の設定について説明します。

ユーザーアカウント制御のレベルを変更する

 コントロールパネルを開く

「ユーザーアカウント制御」は、ウイルスなど悪意を持ったアプリがパソコンの設定を勝手に変更することを防ぐための画面です。ユーザーアカウント制御の設定では、まずコントロールパネルを開いて［ユーザーアカウント］をクリックしてください。

メモ　ユーザーアカウント制御（UAC）とは

アプリケーションのインストールやアカウントの変更など、重要な変更の前に表示され、人間に確認を求めることで、悪意あるソフトによる設定変更を防ぎます。

 ユーザーアカウント制御設定を変更する

「ユーザーアカウント」画面が表示されました。［ユーザーアカウント制御設定の変更］をクリックしてください。

212

手順3 現在のUACのレベルが表示された

現在のUACのレベルが表示されています。現在は、上から「2番目」に設定されています。レベルを「3番目」に変更してみましょう。

メモ 設定可能なレベル

レベルが高い1に近いほど頻繁に確認のダイアログが表示されます。Windows11のデフォルトUACレベルは「2」です。

レベル	通知	アプリがPCに変更を加える場合に通知	Windows11の設定を変更する場合に通知
1	常に通知する	○	○
2	デフォルト	○	×
3	注意して使用	○※1	×
4	通知しない	×	×

※1 デスクトップを暗転しない

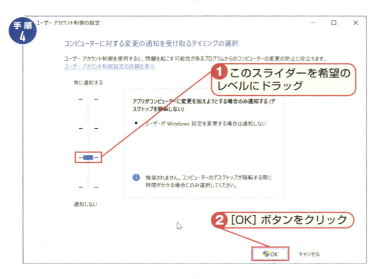

手順4 UACのレベルを変更する

レベルの変更は、スライダー上でレベルを示しているバーを上下することで変更できますが、4段階の変更しかできません。このスライダーを希望のレベルにドラッグしてください。

ここでは、3番目に下げています。レベルを変更したら、画面右下の[OK]ボタンをクリックするとレベルが変更されます。

便利技 コントロールパネルを普通に開く

スタートメニューのアプリ一覧から「Windowsツール」をクリックし、システムツールが表示されるので、「コントロールパネル」をダブルクリックするとコントロールパネルが表示されます。

手順5 ユーザーアカウント制御が現れた

「ユーザーアカウント制御の設定」画面が消えて、すぐにユーザーアカウント制御のメッセージが表示されました。
[はい]ボタンをクリックしてください。これで設定の変更が完了です。

SECTION

キーワード ▶ USBメモリ／起動不能／USBから起動

86 起動しないときに使う回復ドライブを作る

「パソコンが途中までしか起動しなくなり、セーフモードでも起動しないという非常事態が発生。修復にはWindows11の起動が必須」という状態の解決策が「回復ドライブ」です。回復ドライブを制作しておけば、Windows11を起動できる可能性が大いに高まります。

自分用の回復ドライブを作る

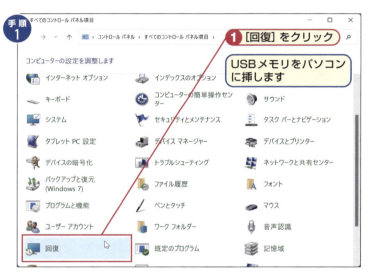

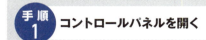 **コントロールパネルを開く**

回復ドライブはコントロールパネルから設定します。コントロールパネルが表示されたら [回復] をクリックしてください。

メモ 回復ドライブとは

起動しないWindows11を復旧するために、USBメモリから起動してパソコン側のWindows11を復旧する仕組みです。

メモ 回復ドライブの条件

回復ドライブのドライブには「USBメモリ」（容量32GB以上）を使います。

 **「回復」が表示された**

「回復ドライブ」にするUSBメモリをパソコンのUSBポートに挿入してください。
「高度な回復ツール」の [回復ドライブの作成] をクリックしてください。

214

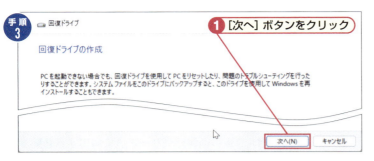

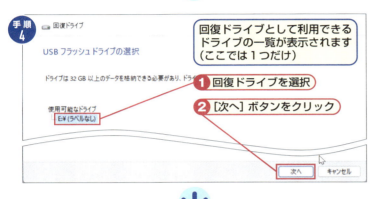

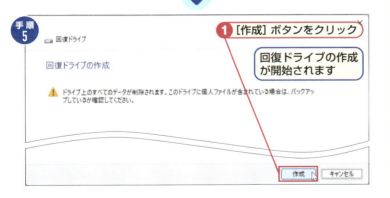

 手順3 確認メッセージが表示された

「回復ドライブの作成」に進みました。回復ドライブの説明に目を通し、[次へ] ボタンをクリックしてください。

 注意 回復ドライブの必要性

Windows11が起動不能になる可能性はゼロではありません。「回復ディスク」を準備することをおすすめします。

 手順4 回復ドライブを検索する

回復ドライブとして利用できるドライブの一覧が表示されます。手順2までにUSBメモリを装着していないと表示されません。この例では1つだけですが、表示されるドライブはパソコンによって変わります。回復ドライブを選択して、[次へ] ボタンをクリックしてください。

 手順5 回復ドライブの作成を開始する

[作成] ボタンをクリックしてください。これで、回復ドライブの作成が開始されます。作成には数分ほど必要です。

 便利技 回復ドライブを使ったWindowsの再インストール

「回復ドライブ」をPCに接続して電源を入れると、回復ドライブからWindows11が起動します。詳しい回復手順はMicrosoft社やPCメーカーのWebページを参照してください。

 手順6 回復ドライブの作成が完了した

[完了] ボタンをクリックして終了してください。USBメモリには、回復ドライブであることを示すラベルなどを貼って、データの上書きを防ぎましょう。

SECTION

キーワード ▶ Windows Update／更新／アクティブ時間

87 Windows Updateで最新状態にする

インターネットにつながるパソコンは、絶えず新しい機能やサービスに対応する必要があります。そのため、Windows11は新しい機能の追加や修正に対応できる仕様になっています。ここでは「Windows Update」の使い方を説明します。

今すぐWindows11を最新版にする

手順1

1 [スタート] ボタンをクリック

手順2

1 [設定] ボタンをクリック

 手順1 **スタートメニューを表示する**

Windows Updateは「設定」画面から起動するので、タスクバーの [スタート] ボタンをクリックしてください。

 メモ **Windows Updateとは**

Windows11の脆弱（ぜいじゃく）な部分や誤りの修正、機能追加などをユーザーのパソコンに反映する仕組みが「Windows Update」です。Windows11のバージョンは、「設定」→「システム」→「バージョン情報」で確認できます。

 手順2 **スタートメニューが表示された**

スタートメニューが表示されたら、[設定] ボタンをクリックしてください。

 注意 **更新は頻繁に行う**

Windowsの修正は頻繁に行われます。Windows Updateは可能な範囲で頻繁に行うことをおすすめします。

216

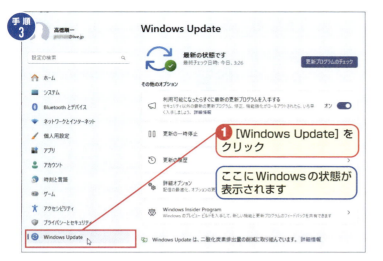

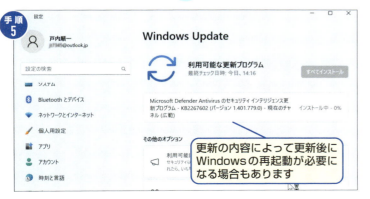

手順3 「設定」画面が表示された

「設定」画面が表示されました。画面左下の[Windows Update]をクリックしてください。

Windows Updateの項目が表示されました。この画面ではWindowsの状態（この例では「最新の状態です」）が表示されます。

裏技 手動でWindows Updateする

通常、更新プログラムは自動的にインストールされます。更新を急ぐ場合や自動更新されない更新プログラムのインストールには、手動更新を使います。

手順4 更新プログラムをチェックする

更新の自動的な確認は一定の間隔を空けて行われるので、前回の確認後に更新データが公開されているかもしれません。
[更新プログラムのチェック]をクリックすると、更新を手動で確認できます。

手順5 更新があると更新プログラムが自動的にインストール

更新データがあれば自動的にインストールされます。
「最新の状態です」と表示されたときには×をクリックして操作を終了します。
なお、更新プログラムによっては、再起動が必要になる場合もあります。

217

アクティブ時間を変更する

 アクティブ時間を調整する

Windows Updateによる意図しないWindows11の自動再起動を防ぐため、アクティブ時間を設定しましょう。
アクティブ時間を設定すれば、指定した時間帯はWindows Updateが起動しません。
アクティブ時間の設定では、まず「詳細オプション」をクリックしてください。

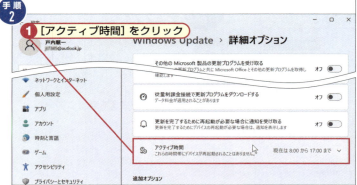

 アクティブ時間を選択する

Windows Updateの「詳細オプション」の画面が表示されました。ここで、アクティブ時間を設定するので、「アクティブ時間」をクリックしてください。

 選択するアクティブ時間とは

アクティブ時間には、業務時間など「再起動されると困る時間帯」を設定しましょう。

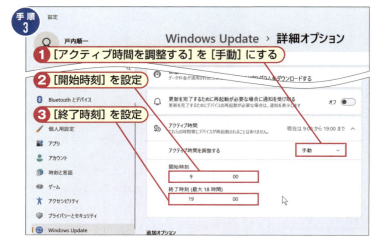

 新しいアクティブ時間を設定する

「アクティブ時間」の設定欄が表示されました。時間を設定するので、「アクティブ時間を調整する」を「手動」に変更します。続いて「開始時刻」と「終了時刻」を設定します。時間と分が表示されているので、時間をクリックすると変更画面が表示されます。希望の時間をクリックして[∨]ボタンをクリックすると、この画面に戻ります。
時間の変更が終わったら、設定画面の[×]ボタンで閉じれば完了です。

9章

Windows11で
音楽を楽しもう

Windows11で音楽を楽しむのに便利なアプリは、Windows Media Player Legacy（ウィンドウズ・メディア・プレーヤー・レガシー）、メディアプレーヤー、そしてiTunes（アイチューンズ）の3つです。この章では、これらのアプリの起動・終了方法、そしてWindows Media Player Legacyに関しては、基本的な操作方法についても解説しています。ぜひ活用してください。

SECTION

キーワード ▶ 音楽／動画／Windows Media Player Legacy

88 Windows Media Player Legacyを使ってみる

「Windows Media Player Legacy」（Windowsメディアプレーヤー従来版）とは、以前からあるWindowsの音楽再生アプリ（ソフト）です。音楽のほかに動画の再生もできます。ここでは、Windows Media Player Legacyの操作方法を説明しましょう。

Windows Media Player Legacyを起動する

手順1 スタートメニューを表示する

音楽の再生に使うWindows Media Player Legacyはデスクトップアプリです。
はじめて起動する場合は、スタートメニューから起動します。

 注意 「Windows Media Player Legacyへようこそ」画面

最初に「Windows Media Player Legacy」を起動すると「Windows Media Player Legacyへようこそ」画面が表示されますが、2回目以降は表示されません。

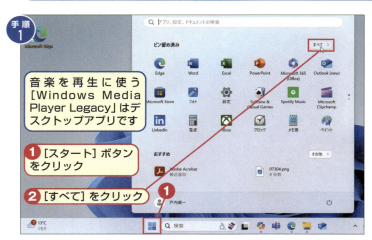

音楽を再生に使う[Windows Media Player Legacy]はデスクトップアプリです

❶[スタート]ボタンをクリック

❷[すべて]をクリック

手順2 「Windows Media Player Legacy」を選択する

アプリ一覧が表示されました。
右側のスクロールバーやマウスのホイールを使ってスクロールして「Windowsツール」を探してクリックしてください。

 メモ 名称が変わった

2022年の大型アップデートの（22H2）で、Windows Media Playerの名称がWindows Media Player Legacyに変わりました。

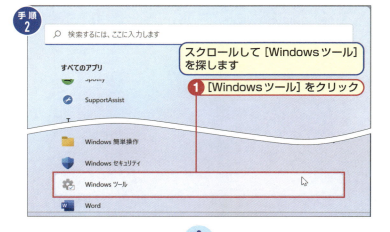

スクロールして[Windowsツール]を探します

❶[Windowsツール]をクリック

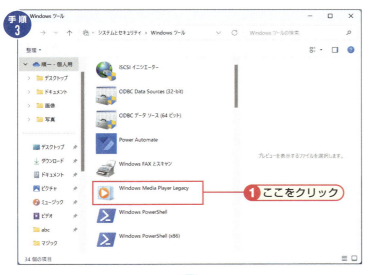

 Windows Media Player Legacy を選択する

画面が切り替わり、エクスプローラーが開いて「Windowsツール」のアプリが一覧表示されます。その中の「Windows Media Player Legacy」をダブルクリックします。これで、「Windows Media Player Legacy」が起動します。

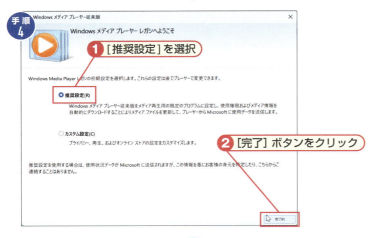

 ようこそ画面が表示された

最初の起動時にはようこそ画面が表示されます。ここでは、「推奨設定」を選択し、[完了]ボタンをクリックします。

 Windows Media Player Legacy が起動した

Windows Media Player Legacyの画面が表示されます。なお、表示される楽曲などはパソコンによって異なります。

SECTION

キーワード ▶ 音楽CD／再生／Windows Media Player Legacy

89 音楽CDを再生する

光学ドライブが使えるパソコンでは、Windows Media Player Legacyを起動し、音楽CDを挿入すると、音楽CDの再生が自動的に始まります。通常は先頭の曲から順番に再生が行われます。ランダムに再生したり、1曲だけ再生したりすることもできます。

音楽CDを再生する

手順1

手順2

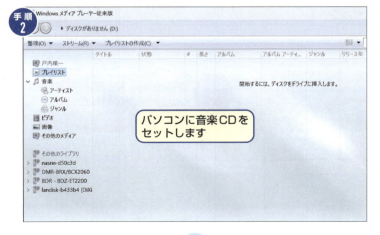

 手順1 Windows Media Player Legacyを起動する

SECTION88と同様にWindows Media Player Legacyを起動します。

 便利技 好きな曲を再生する

音楽CDは通常、先頭の曲から順に再生されます。好きな曲を再生したい場合には、その曲をダブルクリックします。

 手順2 音楽CDを光学ドライブに挿入する

「光学ドライブ」（CDやDVDを読み書きする装置）に音楽CDをセットします。音楽CDのレーベル面が見えるようにセットします。なお、光学ドライブの使い方はマニュアルなどで確認してください。

 メモ アルバム情報はインターネットから取得される

インターネット上のデータベースから音楽CDの情報が自動的に取得され、アルバム名や曲名が表示されます。インターネットと接続していない場合やCD情報が見つからない場合は、曲名が「トラック1」「トラック2」…と表示されます。

 曲の再生が始まる

音楽CDに含まれている曲の一覧が表示され、音楽CDの先頭曲の再生が始まります。

 別の曲を再生する

曲の一覧から曲をダブルクリックすると、その曲の再生が始まります。

 曲の再生を停止する

[停止]ボタンをクリックすると、曲の再生が停止します。

 再生を一時停止する

[一時停止]ボタンをクリックすると、再生が一時停止します。[一時停止]ボタンが[再生]ボタンに変わっているので、このボタンをクリックすると、停止した位置から再生が再開されます。

SECTION

キーワード ▶ 音楽CD／取り込み／CD作成

90 音楽CDの曲を パソコンに取り込む

Windows Media Player Legacyは、音楽CDの楽曲を取り込むことができます。楽曲をパソコンに取り込めば、音楽CDがなくてもパソコンだけで楽曲の再生ができるようになります。また、取り込んだ楽曲で音楽CDを作成できます（個人で楽しむ場合だけ可能です）。

音楽データをパソコンに取り込む

手順1

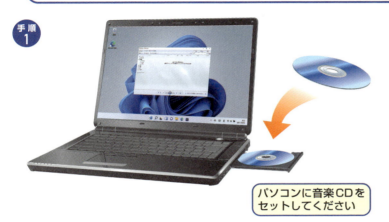

パソコンに音楽CDをセットしてください

手順1 音楽CDをパソコンにセットする

Windows Media Player Legacyを起動してパソコンの「光学ドライブ」（CDやDVDを読み書きする装置）に音楽CDをセットします。操作がわからないときはSECTION91を参照してください。

メモ ファイル形式

取り込むファイル形式は、通常は「MP3」です。「取り込みの設定」→「形式」を選択すると、ファイルの形式を変更できます。

手順2

① 取り込まない曲の「チェックボックス」をオフ
② 「CDの取り込み」をクリック

手順2 取り込む曲を選択する

光学ドライブを閉じると音楽CDに含まれている曲の一覧が表示されます。各楽曲の先頭にあるチェックボックスがオンになっています。取り込まない曲のチェックボックスはオフにしてください。続いて「CDの取り込み」をクリックします。

メモ 取り込み時の音質を変更する

取り込む音質は通常「128Kbps」ですが、「取り込みの設定」→「音質」を選択することで、変更が可能です。

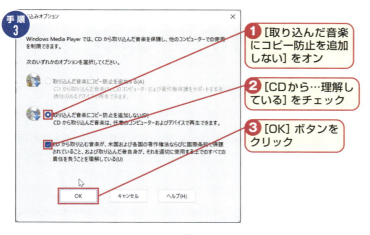

 ### 手順 3 取り込みオプションを選択する

「取り込みオプション」画面が表示されます。個人で楽しむ場合は「取り込んだ音楽にコピー防止を追加しない」をオンにしてください。続いて、「CDから…理解している」のチェックボックスをクリックしてチェックを付けます。
最後に［OK］ボタンをクリックします。

 メモ 著作権への配慮

楽曲には著作権があります。著作権が心配な場合は「取り込んだ音楽にコピー防止を追加する」を選択してください。

 ### 手順 4 取り込みが始まる

音楽CDから楽曲の取り込みが開始されました。
取り込み中の曲にはプログレスバーが表示され、緑色のバーで取り込みの状況が示されます。プログレスバーには「取り込んでいます」と表示されます。

 便利技 取り込みを中止する

楽曲の間違えなどで中止したいときは、［取り込みの中止］ボタンで中止できます。

 ### 手順 5 取り込みが完了した

プログレスバーが消えれば、取り込み完了です。なお、取り込みを完了した楽曲には「ライブラリに取り込み済み」と表示されます。

 メモ 取り込んだ曲の表示と削除

Windows Media Player Legacy画面の左側に表示される「音楽」から、取り込んだ曲を表示できます。なお、表示した音楽ファイルを右クリックし、表示されるメニューで「削除」を選択すると、削除できます。

SECTION

キーワード ▶ 音楽再生／音楽ライブラリ／楽曲

91 音楽ライブラリの音楽を再生する

「Windows Media Player Legacy」を使って音楽ライブラリに音楽CDから楽曲を取り込めば、音楽CDから取り込んだ楽曲をパソコンで再生することができます。ここでは、前のSECTIONで音楽ライブラリに取り込んだ楽曲を再生する手順を説明します。

音楽ライブラリを再生する

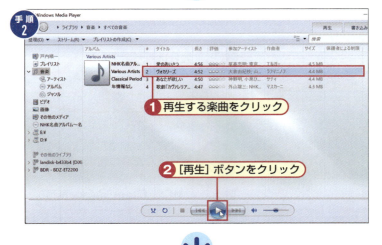

手順1　ライブラリの内容を見る

「Windows Media Player Legacy」を使って音楽ライブラリの楽曲を再生してみましょう。Windows Media Player Legacyの「ライブラリ」画面の左側に表示されている「音楽」をクリックします。すると画面右側に「音楽」ライブラリに取り込まれている曲が一覧で表示されます。

手順2　音楽を再生する

画面右側に一覧表示された楽曲の中から、再生したい楽曲をクリックして選択します。続いて画面中央の下にある操作パネルの[再生]ボタンをクリックします。これで、選択した楽曲の再生が開始されます。

時短　素早く再生するには

再生する楽曲をダブルクリックすると再生が始まります。

手順 3 音楽の再生が始まる

手順2で選択した楽曲が再生されます。楽曲の再生が始まると、［再生］ボタンは［一時停止］ボタンに変わります。もう一度クリックすると、楽曲の再生が停止して表示が［再生］ボタンに戻ります。
続いて、［プレイビューに切り替え］ボタンをクリックして、表示モードを切り替えましょう。

便利技 視覚エフェクト

楽曲の再生中は様々な視覚エフェクトを表示できます。視覚エフェクトを切り替えるには、プレイビュー画面を右クリックして表示されるメニューで「視覚エフェクト」を選択し、目的のエフェクトを選択します。

手順 4 プレイビュー画面が表示された

「プレイビュー」画面に切り替わりました。他のウィンドウの邪魔にならないように、再生中の曲名と操作パネルを小さく表示します。
元の画面に戻るには、［ライブラリに切り替え］ボタンをクリックしてください。

手順 5 ライブラリ表示に戻った

「プレイビュー」から「ライブラリ」画面に戻りました。

メモ プレイビューを全画面表示する

プレイビュー画面は小さく表示されます。［最大化］ボタンで画面いっぱいに表示できます。

227

SECTION

キーワード ▶ CD-R／CD-RW／光学メディア

92 音楽CDを作成する

「光学ドライブ」が書き込み可能な「CD-R/RWドライブ」などであれば、「音楽」ライブラリに保存した楽曲を「CD-R」や「CD-RW」などの光学メディアへ書き込むことができます。Windows Media Player Legacyを使って、オリジナルな音楽CDを作る手順を説明します。

音楽をハードディスクからCDにコピーする

手順1 「音楽」ライブラリを開く

音楽CDを作ってみましょう。
書き込みができるCD-RかCD-RWを用意して「Windows Media Player Legacy」を起動してください。
「ライブラリ」画面で「音楽」をクリックしてください。「ライブラリ」にある楽曲が一覧で表示されます。書き込みができるのは、ここに表示された楽曲です。事前に準備しておきましょう。

手順2 未使用のCD-RをCDドライブに挿入する

未使用のCD-Rを光学ドライブにセットしてください。手順はCD-RWでも同じです（CD-RWは使用したメディアでも初期化すれば再利用できます）。[書き込み]タブをクリックしてください。画面右側に光学ドライブの情報および空の「書き込みリスト」が表示されました。

 アルバムの全曲を書き込みリストに追加するには

アルバム名を「書き込みリスト」にドラッグすれば、アルバムの全曲を「書き込みリスト」に追加することができます。

228

手順 3　書き込む曲を選択する

画面右側に表示されたCD-Rの情報の中で、書き込み可能な時間として「全体80分」（または74分）と表示され、プログレスバーが空なら、未使用のCD-Rです。
時間やプログレスバーに色が付いている場合は、CD-Rにデータが入っているので交換してください。未使用のCD-Rであることを確認したら、「書き込みリスト」に楽曲をドラッグして追加します。

便利技　普通のCDプレイヤーで再生できる

ここで説明する手順で作ったCD-RやCD-RWは、普通のCDプレイヤーで再生できます。

手順 4　書き込みリストに追加された

ここでは「書き込みリスト」に1曲だけ加えました。[書き込みの開始]ボタンをクリックすると、書き込みが始まります。
80分以上の楽曲を書き込みリストに加えると、書き込みができません。

便利技　順番を変える

楽曲は書き込みリスト内に並んだ順に書き込まれます。
リスト内で楽曲をドラッグして並び順を変えれば、書き込む順番を変更できます。

手順 5　書き込みが開始された

書き込みに要する時間は、書き込む楽曲の再生時間と光学ドライブの速度によって変わります。書き込みが終わるとCDは排出されます。

メモ　「書き込みリスト」から楽曲を削除するには

間違えて「書き込みリスト」に追加した曲を削除するには、曲を右クリックし、表示されるメニューで「リストから削除」を選択します。

SECTION

キーワード ▶ USB接続／転送／音楽ライブラリ

93 ポータブルデバイスに音楽を転送する

Windows10からアップグレードしたユーザーでしたら、「音楽」ライブラリに楽曲のコレクションがあると思います。ここでは、「音楽」ライブラリの楽曲を、USBケーブルなどで接続したスマートフォンやタブレットなどのポータブルデバイスに転送する手順を説明します。

音楽をポータブルデバイスに転送する

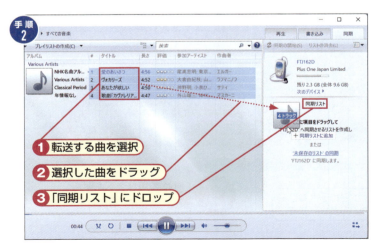

手順1　ポータブルデバイスをパソコンに接続する

Windows Media Player Legacyを起動して、転送するポータブルデバイスとパソコンをUSBケーブルで接続してください。接続したポータブルデバイスが認識されると、Windows Media Player Legacyにポータブルデバイスが表示されます。

手順2　転送する曲を選択する

「音楽」ライブラリの楽曲をポータブルデバイスに転送しましょう。転送する楽曲を選択して「同期リスト」にドロップします。

メモ　同期リストから曲を削除するには

間違えて同期リストに追加したら、曲を右クリックして[リストから削除]を選択するとリストから削除できます。

注意　iPhoneを使う場合

楽曲をiPhoneに転送するには「iTunes」を使います。Windows Media Player Legacyは対応していません。

楽曲が「同期リスト」に
登録された

❶ [同期の開始] をクリック

同期させる楽曲が多いと
同期時間が長くなります

[同期が完了しました] と
表示されます

手順3 同期リストに追加された

選択した楽曲が「同期リスト」に登録されました。ただし、この段階では楽曲のデータは、パソコン側にしかありません。パソコンとポータブルデバイスの間でデータを同期させて、両方に同じデータがある状態にする必要があります。

メモ 順番を変える

同期リスト内で楽曲をドラッグして、転送の順番を変更することができます。

手順4 同期を開始する

パソコンからポータブルデバイスに楽曲をコピーするには、同期の操作が必要です。Windows Media Player Legacy画面の右上にある「同期の開始」をクリックすると、同期が開始されます。
なお、同期を行う楽曲の数や再生時間に応じて、同期に必要な時間が決まります。そのため、楽曲が多いと同期の時間は長くなります。

手順5 同期が終了した

同期が完了すると、Windows Media Player Legacy画面の「同期」タブの画面に「同期が完了しました。」と表示されます。
これで、同期は完了です。ポータブルデバイスを取り外して、Windows Media Player Legacyを終了してください。

231

SECTION キーワード ▶ メディアプレーヤー／プレイリスト／アルバム

94 音楽を再生する

メディアプレーヤー（Windows Media Player Legacyとは別のアプリ）は、「音楽再生用のマルチデバイス機能」を提供するアプリです。Windows11からMP3形式の音楽ファイルをOneDriveに追加すると、他のパソコンやXbox、スマートフォンでも再生できるようになりました。

楽曲をメディアプレーヤーアプリで再生する

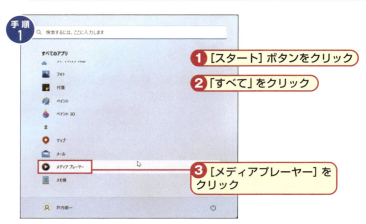

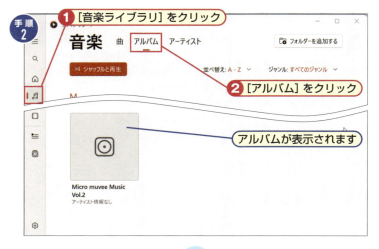

 手順1 スタートメニューを表示する

［スタート］ボタンをクリックし、表示されるスタートメニューで「すべて」をクリックして、［メディアプレーヤー］を探してクリックします。

 メモ 音楽ライブラリ

通常、音楽ライブラリにはミュージックフォルダーの内容が表示されます。

 手順2 メディアプレーヤーが起動した

はじめてメディアプレーヤーを起動した場合は、設定の画面が表示されるまでしばらく時間がかかります。
メディアプレーヤーの画面が表示されました。ここでは「アルバム」を開きますが、パソコンによっては「新しいメディアプレーヤーの紹介」が表示される場合もあります。

 メモ プレイリストとは

音楽を再生する順番をリスト化したものを「プレイリスト」と呼びます。

232

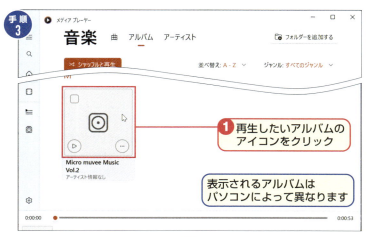

手順3 再生したいアルバムを選択する

表示されるアルバムは、お使いのパソコンによって異なります。再生したいアルバムのアイコンをクリックします。

楽曲の選択法

楽曲は次のように分類されています。

分類基準	選択方法
アルバム	アルバム別に曲を選択できます。
アーティスト	アーティスト別に曲を選択できます。
曲	全曲から曲を選択できます。

手順4 アルバムに含まれる楽曲が表示された

アルバムに収録されている楽曲が表示されました。
画面中央の［すべて再生］ボタンをクリックしてください。

音楽を停止する

操作パネルの［ポーズ］ボタンをクリックすると、曲の再生を一時停止できます。
［ポーズ］ボタンが、［プレイ］ボタンに変わるので、ここをクリックすれば続きを再生できます。

手順5 楽曲の再生が始まる

音楽が再生可能なパソコンであれば、音楽の再生が始まり、画面下部の操作パネルが操作可能になります。

メディアプレーヤーの操作

・再生または一時停止
　［Ctrl］＋［P］キー
・次の曲までスキップ
　［Ctrl］＋［F］キー
・現在の曲の頭または前の曲に戻る
　［Ctrl］＋［B］キー

Windows 11で音楽を楽しもう

SECTION

キーワード ▶ iTunes／Apple ID／iPhone

95 iPhoneユーザーなら iTunesを起動する

「iTunes」はApple社のアプリで、Windows Media Player Legacyと同様によく使われる音楽ソフトです。誰でも無料で使うことができます。「パソコンはWindows11でスマートフォンはiPhone」というユーザーなら、iTunesが使えると便利です。

iTunesを使ってみる

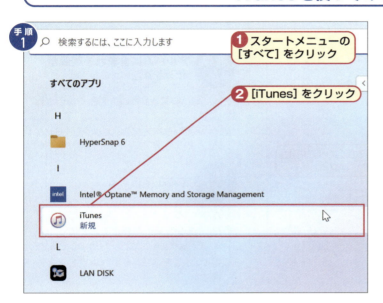

iTunesを起動する

iTunesのインストールはSECTION20を参照してください。
スタートメニューの[すべて]をクリックし、すべてのアプリから[iTunes]を探してクリックしてください。

iTunesとは

Apple社の音楽・動画配信サービスを利用するためのアプリです。

アカウントが必要

iTunesの全機能を使うには、Appleのアカウントである「Apple ID」が必要です。

iTunesが起動した

iTunesの画面が表示されました。Windows11内の音楽ファイルを再生できます。

iTunesで使えるもの

・選択した曲の再生または停止
　[スペース]キー
・現在選択している曲を再生
　[Enter]キー

234

10章

フォトアプリ

このChapterでは、Windows11に付属しているフォト
アプリを使って写真を編集したり、印刷したりする方法を
解説します。なお、ビデオの再生はできますが、編集はで
きません。ビデオの編集はClipChampアプリで行ってく
ださい。

SECTION

キーワード ▶ 写真／フォト

96 フォトアプリを起動する／終了する

ここでは、フォトアプリを起動する方法と終了する方法を解説します。

フォトアプリを起動する

手順1 すべてのアプリを表示する

[スタート] ボタンをクリックすると、スタートメニューが表示されるので、そこから「すべて」を選択します。

メモ スタートメニューから起動する

スタートメニューにフォトアプリがピン留めしてあればそれをクリックすることでフォトアプリを起動できます。

手順2 アプリ一覧から「フォト」を選択する

アプリ一覧が表示されたら、そこから「フォト」をクリックします。

手順3 写真の一覧が表示される

フォトアプリが起動すると同時に、写真が表示されます。通常、ピクチャフォルダー、iCloudの写真、OneDriveの写真、PCに接続しているデバイスの写真などすべての写真が表示されます。

フォトアプリを終了する

手順1 フォトアプリを終了する

① [×] ボタンをクリック

ウィンドウの右上の [×] ボタンをクリックすると、フォトアプリが終了します。

便利技 背景をぼかす

新しいフォトには、背景をぼかす機能が追加されました。

手順2 フォトアプリが終了した

デスクトップからフォトアプリのウィンドウが消えます。

便利技 検索機能の強化

新しいフォトでは、被写体や場所などのキーワードで写真を検索できるようになりました。

SECTION

キーワード ▶ 写真／フォト

97 写真を大きく表示する

一覧表示の画面では写真の細部まで詳細に見ることはできません。そんなときは大きく表示してみましょう。この画面で編集なども行うことができます。

写真を大きく表示する

手順1 写真を選択する

大きく表示したい写真をダブルクリックします。

メモ フォトとは

Windows10から標準搭載された写真編集ソフトです。以前のWindowsでは複数のアプリに分かれていましたが、Windows11で1本化されています。

手順2 写真が大きく表示された

選択した写真が別ウィンドウに大きく表示されます。写真の右側に表示された［次へ］ボタンをクリックしてください。タッチ操作の場合は左方向にフリックします。

メモ 前後の写真を見る

［次へ］ボタンと［前へ］ボタンが表示されます。［前へ］ボタンで1つ前の写真、［次へ］ボタンで1つあとの写真が表示されます。

1 [前へ] ボタンをクリック

1 [×] ボタンをクリック

 次の写真が表示される

次の写真が表示されました。次に、画面左側に表示された [前へ] ボタンをクリックしてください。タッチ操作の場合は右方向にフリックします。

 写真を拡大表示する

写真の上に虫眼鏡の形をした拡大縮小ボタンが表示されます。[＋] ボタンをクリックすると写真が拡大表示され、[－] ボタンで縮小表示されます。

 1つ前の写真が表示された

最初の写真に戻りました。画面の左右に表示される [前へ]・[次へ] ボタンで表示を連続して切り替えることができます。それでは、右上に表示されている [×] ボタンをクリックしてください。

 スライドショーを表示する

写真の上に表示されている [スライドショーを開始する] ボタンをクリックすると、スライドショーが始まります。[スライドショーの終了] をクリックすると、スライドショーは停止します。

 写真の一覧画面に戻った

元のウィンドウの写真一覧画面に戻りました。

SECTION キーワード ▶ 写真／フォト

98 不要な写真を削除する

写真をパソコンの大きな画面で確認し、失敗した写真や不要な写真は削除して、写真のストックを整理してみましょう。

写真を削除する

① 削除する写真のチェックボックスをクリックする

手順1　削除する写真を選択する

各写真のサムネイルの右上にチェックボックスが表示されます。このチェックボックスが選択状態を示します。ここでは、削除したい写真のチェックボックスをクリックしてください。チェックマークが付きます。

便利技　選択を解除する

選択済みの写真のチェックボックスを再度クリックすると、選択が解除されます。

①「削除」ボタンをクリック

手順2　削除ボタンをクリックする

選択ができたら不要な写真を削除します。削除は［削除］ボタンをクリックするだけです。選択した写真を確認して［削除］ボタンをクリックしてください。

便利技　右クリックで写真を削除する

写真を右クリックして表示されるメニューで「削除」を選択しても、削除ができます。

確認ボックスが表示された

削除に関する確認メッセージのダイアログボックスが表示されます。

時短 写真を削除する

[Delete] キー

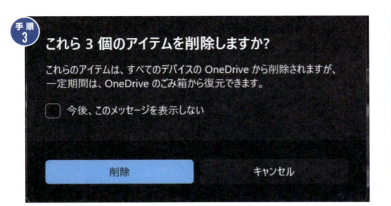

[削除] ボタンをクリック

削除してよければ、[削除] ボタンをクリックします。[キャンセル] ボタンをクリックすると手順1に戻ります。

便利技 拡大モードで写真を削除する

拡大表示画面でも、画面上の [削除] ボタンをクリックすれば写真を削除できます。

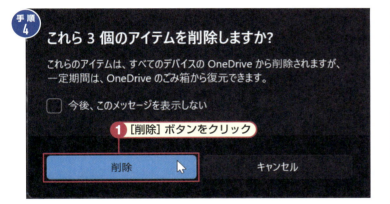

削除が実行された

選択した3枚のイルカの写真が削除されました。

便利技 OneDriveのファイルの復元

OneDriveのファイルは、削除したあと一定期間はOneDriveのごみ箱から復元することができます。

10 フォトアプリ

SECTION

キーワード ▶ 写真／フォト

99 写真を編集する

フォトアプリを使うと、コントラスト補正、彩度や濃淡の補正などが、大きな画面でできます。ここでは、写真の明るさを補正して、暗く写った写真を明るい写真に調整する手順を説明します。

写真の明るさを補正する

 編集する写真を選択する

写真一覧画面から編集したい写真をダブルクリックすると、編集できるようになります。

 写真の加工もできる

フォトは、写真を表示するだけでなく、「撮影した写真をトリミング（写真の一部分を切り出す）」、「ピントが甘い写真をシャープにする」、「露出不足で黒っぽい写真を普通の明るさに戻す」など、写真に対していろいろな補正ができます。

 大きく表示された

写真が大きく表示されます。そうしたら［画像の編集］ボタンをクリックします。

 フィルターをかける

［フィルター］ボタンをクリックすると、写真に各種フィルターをかけて、違った雰囲気の写真にすることができます。

 手順3 編集画面に変わった

「編集」画面に切り替わります。ここでは明るさを調整するので、「調整」をクリックしてください。

 便利技 トリミングをする

画面の四辺をドラッグすることにより、写真をトリミングすることができます。

 手順4 「明るさ」のバーを左右にスライドする

明るさの調整なので、「明るさ」のバーを使います。調整は、バーを左右にドラッグすることで行います。左に動かすと暗くなり、右に動かすと明るくなります。適度な明るさに補正してください。

 便利技 編集を元に戻す

編集画面の上に表示されている[元に戻す]ボタンをクリックすると、直前の編集内容が取り消され、元の画像に戻ります。

 手順5 保存する

明るさの調整ができ、画像を再確認して補正に問題がなければ、画像を保存します。保存は、[保存]ボタンをクリックして行います。なお、上書き保存をすると、元の画像に上書きされます。

 メモ 保存には2通りある

保存には、上書きする「保存」および元の画像を残す「コピー保存」の2通りがあります。

SECTION 100 写真をプリンターで印刷する

キーワード ▶ 写真／フォト／プリンター

ここでは、操作がカンタンなWindows11標準のフォトアプリで、写真を印刷してみます。プリンターの設定などは機種によって異なるので、必ずプリンターのマニュアルを参照してください。

写真を印刷する

 印刷したい写真を選択する

一覧画面から印刷したい写真をダブルクリックします。

 プリンターが必要

プリンターに付属のユーザーマニュアルなどで設定を確認し、プリンターが使えることを確認してから印刷の操作をしてください。

 大きく表示された

写真が大きく表示されたら、[…]-[印刷]を選択します。

244

 プリンターを選択する

印刷に使うプリンターを選択します。「プリンター」のボックス内の右端の［V］をクリックすると、登録されたプリンターの一覧が表示されるので、使うプリンターを選択します。ここでは、「EP-883A」を選択しています。

 PDFを作る

プリンターとして「Microsoft Print to PDF」を選択すると、PDFに出力できます（PDFファイルが作成されます）。

 印刷の設定を行う

手順3で選択したプリンターによって、設定できる項目が異なります。これは、プリンターによって印刷できる機能が異なるためです。ここでは、用紙サイズとして「A4判」を選択し、用紙の種類として「フォト用紙（高品位光沢）」を選択しています。

 用紙の種類

写真を印刷するときは、「フォト用紙」など写真用を選択します。なお、選択できる用紙はプリンターによって異なります。

 印刷を実行する

プリンター側も確認してください。設定した用紙などがセットされていたら、フォトの［印刷］ボタンをクリックしてください。プリンターでの印刷が始まります。

 プリンターの機能を使う

印刷画面で「その他の設定」を選択するとプリンターが持つ機能を設定できます。

10 フォトアプリ

245

SECTION　キーワード ▶ ビデオ／フォト

101 ビデオを再生する

フォトアプリでは、写真の表示・編集だけでなく、ビデオの再生もできます。ここでは、フォトを使ってビデオを再生してみましょう。

ビデオを再生する

再生したいビデオを選択する

写真の一覧から、再生したいビデオファイルをダブルクリックします。

ビデオを編集する

ビデオの編集はClipchampアプリで行います。[…] －［ビデオの作成］を選択すると、Clipchampが起動し、ビデオの編集ができるようになります。

ビデオの再生が始まる

ダブルクリックしたビデオが再生します。

再生の一時停止

ツールバーの［一時停止］ボタンをクリックすると、再生を一時停止することができます。［一時停止］ボタンは［再生］ボタンに変わるので、このボタンをクリックすると再生が再開します。

11章

Windows11の
クラウドサービスを活用しよう

この章では、Microsoft社のクラウドサービスである
OneDriveの使い方を解説しています。OneDriveは容量
5GBまでは無料で使うことができます。さらに、有料のプ
レミアムサービスを利用すると、1TBの容量に加え、
Officeスイートの利用などの特典も付きます。重要なファ
イルのバックアップ、他者とのファイルの共有などを行
い、OneDriveを活用してください。

SECTION

キーワード ▶ クラウド／OneDrive／共有

102 クラウドサービスのOneDriveを使う

OneDriveはMicrosoft社が提供する「クラウドサービス」です。OneDriveを使えば、会社のパソコンで保存したExcelを自宅のパソコンやスマートフォンで開いたり、同僚とExcelファイルを共有するなど、各種のデータを場所や時間の制約なしに使用できます。

OneDriveを使ってみよう

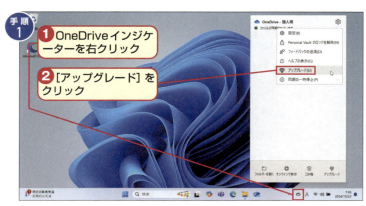

① OneDriveインジケーターを右クリック
② [アップグレード]をクリック

 手順1　OneDriveの設定を開く

タスクバーのOneDriveインジケーターを右クリックしてください。
OneDriveの画面が表示されます。利用可能なアップグレードを確認してみます。「アップグレード」をクリックしてください。

 メモ　クラウドサービスとは

インターネットを通じ、データをネット上に保存・管理する方式です。ユーザーがパソコンやメディアに保存していたデータをネット上に保存し、IDとパスワードで管理することで、いつでもどこからでもデータを開けるようになります。このようなデータの持ち方を雲（cloud）にたとえて、クラウドと呼ばれます。

 手順2　アップグレードが表示された

画面が切り替わり、利用が可能なアップグレードの一覧が表示されました。

手順3 新しいプランを選択する

5GBの無料プランからアップグレードできるのは、Officeスイートと1TBのOneDriveが利用できる「Microsoft 365 Personal」または100GBに容量を増やす「Microsoft 365 Basic」の二択です。ここでは例として「Microsoft 365 Personal」を選び、[今すぐ購入]をクリックします。

メモ 他社のクラウドサービス

「Google Drive」や「iCloud」、「Dropbox」といったMicrosoft社以外のクラウドサービスもあります。それぞれ、無料で使える容量、有料サービスの料金や容量などが異なります。

手順4 購入手続きを選択する

表示を読んで「Microsoft 365 Personal」を契約する場合は、[次へ]をクリックして、以降は画面の指示に従います。
なお、「Microsoft 365 Personal」はサブスクリプションなので、月単位で契約した場合は月単位で解約できます。

メモ Microsoft 365 Personal

Macやスマートフォンでも完全版Officeが使えて1TBのOneDriveが使える個人向けのサブスクリプションです。
家族向けの「Family」もあります。

OneDriveは無料でも使える

5GBまでならOneDriveは無料で利用できます。それ以上の容量を使いたい場合は有料になります。ただし、カメラロールをバックアップすると、最初の5GBとは別に無料で15GBの増量が受けられます。

また、友だちにOneDriveを紹介すると、1人につき500MBが増量されます（最大10GB）。

容量	月会費/年会費
5GB	無料
100GB	260円/2440円
1TB	1490円/14900円 (Microsoft 365 Personal利用料を含む)

※年会費は2024年11月現在

SECTION

キーワード ▶ OneDrive／同期／OneDrive フォルダー

103 フォルダーとの同期を解除する

Windows11 Homeでは、通常、主要3フォルダーとの同期をとる初期設定になっています。しかし、OneDriveの容量が不足するなどの理由で、同期を取りたくない場合もあるでしょう。ここでは、フォルダーとの同期を解除する方法を解説します。

ドキュメントフォルダーの同期を解除する

手順1

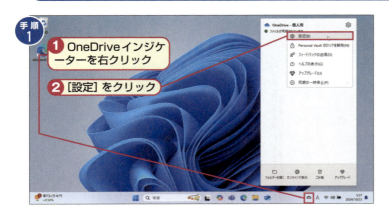

① OneDriveインジケーターを右クリック
② [設定] をクリック

手順2

① 「同期とバックアップ」をクリック
② 「バックアップを管理」をクリック

手順1 「設定」を選択する

OneDriveインジケータを右クリックし、表示されるメニューから「設定」を選択します。

メモ ミュージックフォルダとビデオフォルダの同期を取ることが可能に

以前はデスクトップ、画像（ピクチャ）、ドキュメントの3つしか同期を取ることができませんでしたが、24H2では、ミュージックフォルダとビデオフォルダの同期を取ることも可能です。

手順2 「バックアップの管理」を選択する

同期とバックアップ画面が表示されたら、左のメニューから「同期とバックアップ」を選択し、右から「重要なフォルダーをOneDriveにバックする」という項目の「バックアップを管理」をクリックします。

メモ 自動的に同期を取る設定になる

Windows11Home版では新規セットアップ時にMicrosoftアカウントの登録が必須で、登録すると、OneDriveはPCのピクチャーフォルダー、ドキュメントフォルダーそしてデスクトップと同期を取る設定になってしまいます。

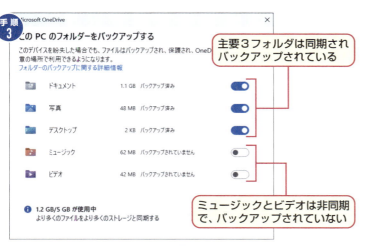

 現在のバックアップ状況が表示される

通常、ドキュメント、写真（ピクチャ）、デスクトップの3つのフォルダーがバックアップ済みになっています。

 無料プランでは容量に注意

無料プランの場合には容量は5GBしかないので、同期を取ると、それだけで容量が一杯になってしまうこともあります。その場合には、同期を解除した方が良いでしょう。

 同期を停止する

同期を解除したいフォルダーのボタンをクリックするか、左方向にドラッグします。すると、確認メッセージが表示されますので、「バックアップを停止」をクリックします。

 写真（ピクチャ）フォルダーとデスクトップフォルダーの同期を解除する

同様の方法でピクチャフォルダーとデスクトップフォルダーとの同期を解除することができます。

 同期とバックアップが停止された

ドキュメントフォルダーの同期とバックアップが停止されました。

 同期を再開する

手順5の画面で、ボタンをクリックするか右方向にドラッグすると、同期を再開することができます。

SECTION

キーワード ▶ OneDrive／ファイルオンデマンド／雲マーク

104 ファイルオンデマンド機能を有効にする

OneDriveに例えば800GB分のファイルを保存する場合、ローカルのフォルダーにも同じだけの容量が必要になります。しかし、HDDやSSDの空き容量が足りないPCもあるでしょう。そのため、OneDriveには「クラウドだけにデータを置き、必要に応じてダウンロードする」という「ファイルオンデマンド機能」があります。

ファイルオンデマンド機能を使う

手順1

❶ OneDriveインジケーターを右クリック
❷ [設定]をクリック

 手順1 「設定」を選択する

OneDriveの「ファイルオンデマンド機能」を有効にする手順を説明します。タスクバーの「OneDrive」アイコンを右クリックし、表示される画面で「設定」をクリックします。

 メモ ファイルオンデマンドとは

必要なときだけパソコンにファイルを保存する機能です。

手順2

❶ [同期とバックアップ]タブをクリック
❷ [ディスク領域の解放]をクリック

 手順2 設定画面が表示された

OneDriveの設定画面が表示されるので、[同期とバックアップ]タブをクリックします。「詳細設定」－[ディスク領域の解放]をクリックすれば、「ファイルオンデマンド機能」が有効になります。

 注意 オフラインでは利用できない

「必要に応じてクラウドからファイルをダウンロードする」ので、オフラインの状況では機能しません。

ファイルの状態を示す3種類のマークを覚えよう

●ファイルにマークが付く

▲OneDriveのファイルやフォルダーには状態を示す3種類のマークが付く

▲ファイルオンデマンド機能が有効なパソコンのOneDriveフォルダー

●雲マークが付いた状態（雲のマーク）

雲マークが付いたファイルやフォルダーは、**実データがクラウドだけに保存されています**。パソコン側に実データはありません。ファイルやフォルダーを開くと、クラウドからのダウンロードが始まります。そのため、パソコンのストレージを節約できます。他のパソコンからクラウドに追加したファイルやフォルダーは、クラウドのみにデータがある状態です。

●白抜きのチェックマークが付いた状態（緑地のチェックマーク）

このマークが付いたファイルやフォルダーは、クラウドとパソコンが共にデータを保存している状態です。そのため、オフライン状態でもデータを利用することができます。
ファイルやフォルダーを右クリックし、表示されるメニューから「このデバイス上で常に保持する」を選択すると、この状態を選べます。

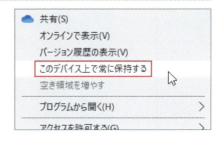

●緑のチェックマークが付いた状態（白地のチェックマーク）

このマークが付いたファイルやフォルダーは、**クラウドからパソコンにデータをダウンロードし、一時的に両方にデータがある状態**です。
ファイルを右クリックし、表示されるメニューから「空き領域を増やす」を選択すると、パソコン側のデータが消え、クラウド側だけが残った状態になり、雲のマークに変わります。

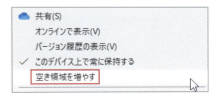

SECTION

キーワード ▶ OneDrive／アップロード／削除

105 OneDriveへファイルを アップロードする／削除する

実際にOneDriveを利用してみましょう。エクスプローラーからOneDriveを使います。記憶場所としてOneDriveを見れば、使い方はHDDやSSD、USBメモリと変わりません。エクスプローラー上でファイルやフォルダーの移動や削除ができます。

ファイルをアップロードする

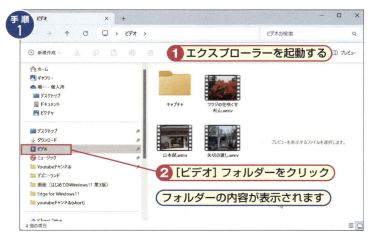

手順1　アップロードするファイルを選択する

エクスプローラーからOneDriveを使ってみましょう。例として「ビデオ」フォルダーを使います。エクスプローラーで「ビデオ」フォルダーをクリックして開きます。フォルダー内のファイルが表示されます。

メモ　アップロードの速度

パソコンとOneDriveはインターネット経由でデータの送受信を行います。そのため、OneDriveの応答速度は利用するインターネット回線の速度に依存します。

手順2　ファイルをOneDriveにアップロードする

OneDriveが起動していれば、雲アイコンの「OneDrive」あります。アップロードするファイルを、[Ctrl]キーを押しながらOneDriveフォルダーまでドラッグしてください。

便利技　パソコンにファイルを残す

パソコン内の元のフォルダーにもファイルを残してコピーをする場合は、[Ctrl]キーを押しながらドラッグします。

手順3 アップロードを確認する

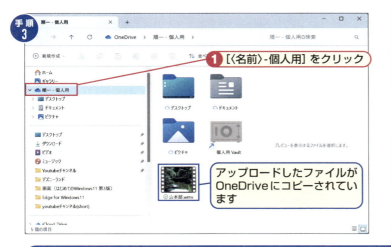

OneDriveへのアップロードができました。本当にOneDriveにアップされているかどうか確認してみましょう。ここでもエクスプローラーを使います。エクスプローラーのナビゲーションウィンドウにあるOneDriveをクリックして開きます。アップしたファイルがあるので、コピーされたことが確認できました。これで、許可された別のパソコンやスマートフォンでもOneDriveを経由してこのファイルを開けるようになりました。

OneDrive内のファイルを削除する

手順1 削除したいファイルを選択する

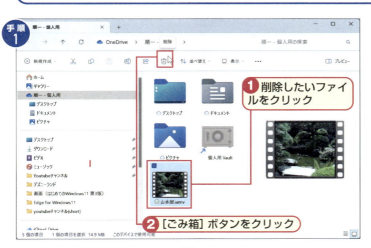

OneDrive内のファイルを削除する手順を説明します。
ここでも、ファイルの操作にはエクスプローラーを使います。
エクスプローラーでOneDriveを開きます。現在のOneDrive内のフォルダーやファイルが表示されます。削除するファイルをクリックし、[ごみ箱] ボタンをクリックします。

手順2 削除されました

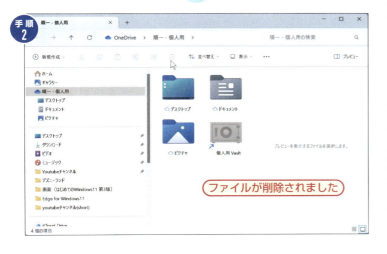

[ごみ箱] ボタンが押されると、すぐにファイルが削除されます。
削除の確認用のダイアログボックスは表示されません。

便利技 削除したOneDriveのファイルを復元する

削除したOneDriveのファイルがごみ箱に残っていれば、ごみ箱から復元することができます。

11 Windows 11のクラウドサービスを活用しよう

255

SECTION

キーワード ▶ OneDrive／共有／リンク

106 OneDriveを共有する

テレワークなどで離れた場所で仕事をする場合、作業用のファイルをメール添付などで受け渡ししていると、ファイルの管理に時間をとられます。OneDriveの「ファイル共有」を使えば、面倒な設定なしに簡単にファイルを共有でき、仕事を効率的に進められます。

送信側の処理

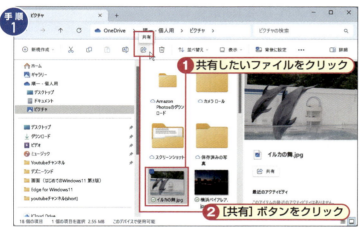

 手順1 「共有」を選択する

OneDriveでファイル共有をしてみましょう。
共有したいファイルをクリックして選択し、[共有]ボタンをクリックします。

メモ 共有の単位

共有は、フォルダー単位またはファイル単位で設定できます。フォルダー単位で設定した場合は、フォルダー内の全ファイルが共有されます。

 手順2 ダイアログボックスが表示された

共有用の「リンクの送信」画面が表示されます。
ここで、ファイルを共有したい相手のメールアドレスを入力します。入力したメールアドレスのボタンがすぐ下に表示されるので、ここをクリックします。

手順3 共有に必要なリンクを送信する

まだ、「リンクの送信」の画面です。
共有する人のメールアドレスに続いてメッセージを入力します。ここでは、例として「イルカショーの写真です」と入力していますが、共有するファイルの素性や目的を簡潔に入力しましょう。
なお、この項目は必須ではないので、必要がなければ空欄でも大丈夫です。メッセージの入力が終わったら、[送信] ボタンをクリックしてください。

メモ 複数人に送る

手順2において、送信先はメールアドレスで区切れば、複数指定できるので、複数人で共有をすることもできます。

手順4 メールが送信された

指定されたメールアドレスに、共有リンクを含んだメールが送信されました。
これで、共有を提供する側の操作は完了です。

受信側の処理

手順1 メールを受信した

ここからは、共有リンクを受け取る側の手順を説明します。
共有リンクはメールで送信されるので、「メール」アプリを起動して、共有リンクのメールを開きます。

便利技 編集の許可

送信側の手順3の画面で、「リンクを知っていれば誰でも編集できます」をクリックして、相手側での編集の可否を指定できます。編集を許せば相手側でもファイルの内容を編集できます。

SECTION

キーワード ▶ OneDrive／オンライン表示

107 OneDriveを オンラインで表示する

パソコンのフォルダーのように使えるOneDriveですが、実際にはデータをインターネット上のクラウドに分散して保存しています。そのため、OneDriveの実体はWeb上にあるといえます。そこで、Web上のOneDriveを表示する手順を説明します。

オンライン表示を使う

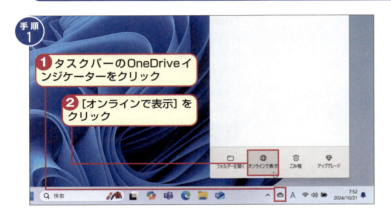

手順1 「オンラインで表示」を選択する

タスクバーに表示されているOneDriveインジケーターを右クリックして表示されるメニューから[オンラインで表示]をクリックしてください。Webブラウザーが起動して、Web上のOneDriveが表示されます。

 メモ OneDriveのアドレス

OneDriveのアドレスは「https://onedrive.live.com/about/ja-jp/」です。

手順2 オンラインで表示された

WebブラウザーでOneDriveが表示されましたOneDriveは、Webブラウザーのウィンドウサイズに応じて自動的に表示サイズが変わります。ウィンドウが大きいときはメニューが左端に常時表示されますが、小さいときは、[メニュー]ボタンをクリックすることでメニューを表示できます。

12章

Windows11の
便利な機能を使ってみよう

Windows11には、まだ紹介していない便利な機能がたくさんあります。この章では、その中で特に重要な機能を選んで解説しました。例えば、スマートフォンとの連携機能、Windows11のサインイン時の生体認証機能、ウィジェット機能、強化された音声入力機能、クリップボードの強化された機能などです。ただし、パソコンの仕様によっては使えない機能もあるのでご注意ください。

SECTION

キーワード ▶ クリップボード／コピー／ペースト

108 クリップボードで コピペを便利に

文字や画像などを選択してコピーすると、データは「クリップボード」に保存されます。そして、ペーストをすると「クリップボード」のデータが貼り付けられます。実は、クリップボードに複数のデータを記憶させて、もっと便利にする手順があります。

クリップボードにコピーする

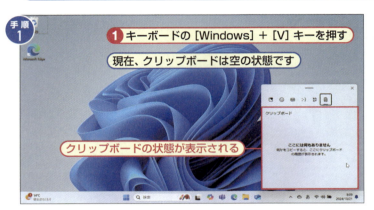

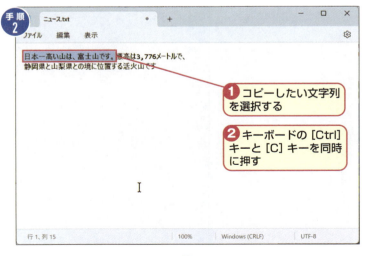

 クリップボードの履歴をオンにする

クリップボードは通常、1つのデータしか記憶できませんが、「履歴」を有効にすれば複数のデータを記憶できます。
［Windows］＋［V］キーを押してください。現在のクリップボードの状態を示す画面が表示されます。

 切り取る

［Ctrl］＋［X］キーを押します。

 クリップボードの履歴を試してみる

メモ帳で適当なテキストを開いてください。コピーしたい文字列を選択して、［Ctrl］と［C］キーを同時に押してください。これで、選択した文字列がクリップボードにコピーされました。

 画像もコピーできる

画像もクリップボードにコピーできます。

260

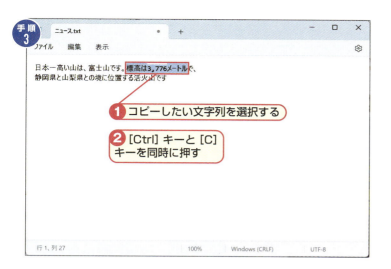

手順 3 別の文字列をコピーする

クリップボードに別の文字列をコピーしましょう。
履歴が無効の場合は、次をコピーするとデータが上書きされて、前回コピーしたデータは消えます。コピーしたい文字列を選択して、コピーのショートカットキーである [Ctrl] + [C] キーを押します。
ここで、メモ帳を右上の [×] ボタンで終了します。

クリップボードから貼り付ける

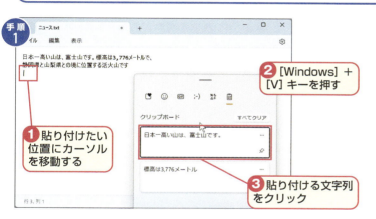

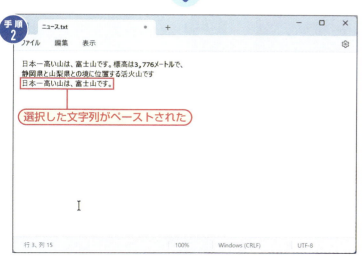

手順 1 クリップボード履歴を表示する

貼り付けたい位置にカーソルを移動します。キーボードから [Windows] + [V] キーを押してください。クリップボードの履歴が表示されます。貼り付ける文字列をクリックすると、ペーストされます。

便利技 クリップボードをきれいにする

[すべてクリア]をクリックすると、すべてのデータを削除できます。

裏技 複数のパソコン間で共有する

「設定」→「システム」→「クリップボード」で「デバイス間の共有」を開始すると、同じMicrosoftアカウントでサインインしたパソコン間で、クリップボードを共有できます（共有できるのは文字列だけ）。

手順 2 文字列が貼り付けられた

文字列がペーストされました。
履歴を有効に使えば、複数の文字列や画像をコピーしてもクリップボードに保存されるので、効率的にペーストが行えます。

SECTION

キーワード ▶ キャプチャー／Snipping Tool／スクショ

109 パソコン画面をキャプチャー（スクショ）する

スマートフォンでは画面を撮影（保存）することを「スクショ」と呼びますが、Windows11では「画面キャプチャー」と呼びます。呼び方は違いますが、基本的な機能はスクショと同じです。「全画面」、「ウィンドウ」、「フリー」、「四角形」でキャプチャーする範囲を選べます。

パソコン画面のスクリーンショットを撮る

[PrintScreen]キーを押す

いちばん簡単な方法は、キーボードの[Print Screen]キーを押すことです。

ファイルの保存形式

既定では「PNG」ですが、保存時に「ファイルの種類」から「JPEG」や「GIF」を選ぶこともできます。

「Snipping Tool」が起動した

PrintScreenキーを押すと、画面が暗くなり、上部にメニューが表示されます。

Snipping Tool

[Windows]＋[Shift]＋[S]キー

クリップボードにコピーされる

キャプチャーした画面は、すべてクリップボードにコピーされます。

画面の録画もできる

手順2でビデオボタンを選択すると画面を録画できます。

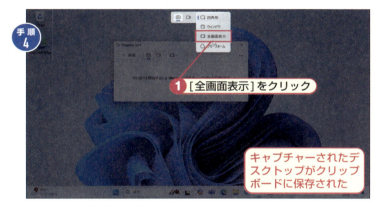

 画面上部にツールバーが表示される

Snipping Toolが動き、画面が暗くなり上部にメニューが表示されました。
ここでは画面全体を撮影するので、[切り取りモード] ボタンをクリックします。

線やメモを書く

ペン、蛍光ペン、鉛筆などのアイコンをクリックして、キャプチャーした画面に線を引いたりメモを書いたりすることができます。

 全画面をキャプチャーする

[全画面表示]をクリックすると、全画面がキャプチャされます。

切り取り範囲

全画面以外にも、次の範囲で切り取ることができます。
四角形の領域：四角形の対角線をドラッグ
フリーな領域：自由に領域をドラッグ
ウィンドウ領域：ウィンドウをクリック

 キャプチャー画像を保存する

キャプチャー画像はクリップボードにコピーされると同時にスクリーンショットフォルダーに自動的に保存されます。

SECTION

キーワード ▶ 付箋／メモ／デジタルペン

110 付箋をデスクトップに貼り付ける

Windows11では、画面に付箋（ソフトウェア的な）を貼り付けることができます。そして、付箋の中に文字だけでなく画像を貼り付けたり、スマホ版OneNoteと付箋を同期したりもできます。ここでは、Windows11の付箋（アプリ）の使い方を詳しく説明していきましょう。

Windows11の付箋を使ってみよう

手順1

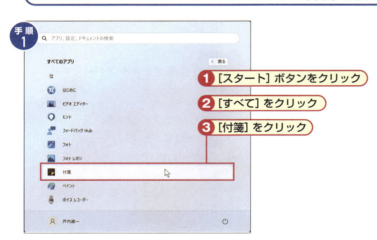

1 [スタート] ボタンをクリック
2 [すべて] をクリック
3 [付箋] をクリック

手順2

1 [+] ボタンをクリック

 付箋アプリを起動する

付箋を起動するには、[スタート] ボタンでスタートメニューを表示し、「すべて」をクリックして表示される一覧から「付箋」をクリックします。

 付箋を貼り付ける

付箋アプリでは、付箋の中に文字だけでなく画像を貼り付けることもできます。

 付箋が表示された

付箋アプリが起動して画面が表示されました。とりあえず付箋を作ってみましょう。[+] ボタンをクリックしてください。

 付箋を追加する

付箋の左上の [+] をクリックすると付箋を追加することができます。

 付箋のメモの入力方法

付箋のメモは、キーボードまたは対応デジタルペンから入力できます。

手順3 付箋に文字を入力する

付箋が表示されました。付箋にメモを記入しましょう。ここでは例として、「今日は2時から会議」とキーボードから文字列を入力しています。文字列が入力できたら、次の付箋を作ってみましょう。
[+]ボタンをクリックしてください。

便利技　付箋の背景を変える

付箋の右上に表示されている[…]ボタンをクリックし、表示されるメニューから背景色を変更できます。

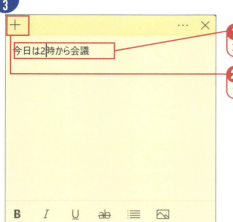

❶ ここではキーボードから文字列を入力
❷ [+]ボタンをクリック

手順4 付箋が追加された

新しい付箋が表示されました。ここでは、デジタルペンで「明日は休み」と書いてみます。

便利技　付箋に画像を貼り付ける

付箋の右下に表示されている[画像の追加]ボタンをクリックして、画像を付箋に貼り付けられます。

手順5 2枚の付箋が書けた

2枚の付箋が書けました。

メモ　付箋を完全に削除する

付箋の右上に表示されている[…]から開くメニューで「メモの削除」をクリックすると、付箋を完全に削除できます。

便利技　付箋を非表示にする

付箋の右上に表示されている[×]ボタンをクリックすると、付箋が消えます。
表示が消えてもデータは残るので、付箋アプリから再表示できます。

Windows 11の便利な機能を使ってみよう

265

SECTION

キーワード ▶ 仮想デスクトップ／タスクビュー／切り替え

111 複数のデスクトップを表示する

「仮想デスクトップ機能」は、デスクトップがいくつもあるような環境を1つのディスプレイ環境で実現したものです。そのため、例えばビジネス用と個人用、趣味用のデスクトップを作り、適宜切り替えて、1台で3台のWindows11パソコンのように利用できます。

仕事用とは別の仮想デスクトップを作る

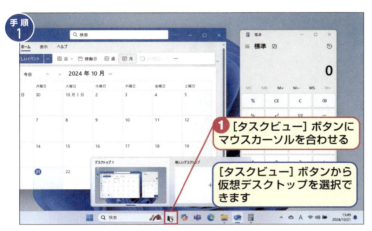

[タスクビュー] ボタンを選択する

仮想デスクトップ機能を使ってみましょう。タスクバーの [タスクビュー] ボタンにマウスカーソルを合わせてください。[タスクビュー] ボタンから仮想デスクトップを選択できます。

メモ 仮想デスクトップ

デスクトップを複数作成する機能です。画面が小さいノートパソコンなどで複数のアプリを同時に使うときに便利です。

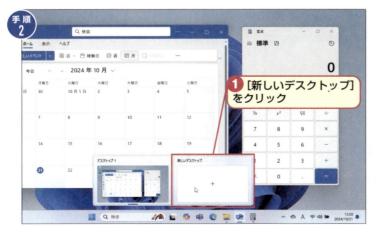

[新しいデスクトップ] を選択する

現在のデスクトップの状態が表示されました。「デスクトップ1」だけなので、デスクトップが1つの状態です。[新しいデスクトップ] をクリックしてください。

時短 新しいデスクトップを作る

[Windows] + [Ctrl] + [D] キー

手順3 新しいデスクトップが作られた

「デスクトップ2」として、新しいデスクトップができました。

便利技 履歴も表示される

[タスクビュー]ボタンをクリックすると「タイムライン履歴」も表示されます。

手順4 新しいデスクトップに切り替わった

「デスクトップ2」に切り替わりました。Windows11を起動したときと同じ状態で、アプリは何も動いていません。「デスクトップ1」とは別のデスクトップです。つまり、それぞれ独立した2つのデスクトップが同時に動いている状態です。

注意 タブレットモードの仮想デスクトップ

残念ですが「タブレットモード」では仮想デスクトップ機能は利用できません。

画面に表示されるデスクトップを切り替える

手順1 切り替えの手順

タスクバーの[タスクビュー]ボタンにマウスカーソルを合わせてください。
現在の仮想デスクトップの状態が表示されます。

時短 仮想デスクトップのサムネイル表

[Windows]+[Tab]キー

12 Windows11の便利な機能を使ってみよう

267

手順2 移動先のデスクトップを選択する

移動先のデスクトップのサムネイルをクリックしてください。
ここでは、「デスクトップ1」をクリックしたので、デスクトップが「デスクトップ1」に切り替わりました。

時短 デスクトップを切り替える

・右側のデスクトップに切り替える
　[Windows] + [Ctrl] + [→] キー
・左側のデスクトップに切り替える
　[Windows] + [Ctrl] + [←] キー

手順3 デスクトップ2に切り替わった

タスクバーの [タスクビュー] ボタンにマウスカーソルを合わせてください。移動先のデスクトップのサムネイルをクリックします。
ここでは、「デスクトップ2」をクリックしたので、デスクトップが「デスクトップ1」から「デスクトップ2」に切り替わりました。

使わないデスクトップを削除する

手順1 [タスクビュー] ボタンを選択する

仮想デスクトップはいくつも作れますが、現実的にそう多くのデスクトップは必要ありません。そこで、不要になったデスクトップを消してみましょう。
[タスクビュー] ボタンにマウスカーソルを合わせてください。

時短 デスクトップを削除する

[Windows] + [Ctrl] + [F4] キー

デスクトップの一覧が表示された

現在の仮想デスクトップの状況が表示されました。
削除したいデスクトップのサムネイルに表示されている［×］をクリックしてください。そのデスクトップが削除されます。

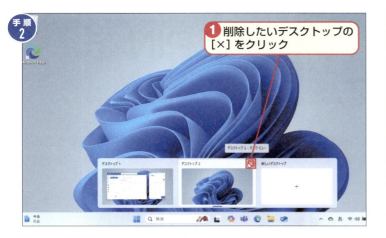

アプリを別のデスクトップに移動する

移動先を指定する

デスクトップとデスクトップの間で、アプリ移動することもできます。
［タスクビュー］ボタンをクリックしてください。仮想デスクトップのサムネイルの上に稼働中のアプリが表示されました。移動させるアプリを右クリックしてください。
メニューが表示されるので、「移動先」を選択すると移動先のメニューが表示されます。ここでは［デスクトップ2］をクリックします。

アプリが移動した

「デスクトップ1」で動いていた電卓が「デスクトップ2」に移動しました。
このように、稼働中のアプリでもデスクトップ間で移動できます。

メモ アプリは自動的に移動する

デスクトップを削除すると、削除したデスクトップで動いているアプリは別のデスクトップに自動的に移動します。

SECTION

キーワード ▶ PIN／サインイン／パスワード

112 サインインに使うPINを変更する

PINはサインインで使う暗証番号なので、セキュリティのため定期的に変更することをおすすめします。ここでは、Windows11の「設定」を使ってPINを変更する手順を詳しく説明していきます。

PINを変更する

 アカウントを選択する

PINを変更してみましょう。
操作はスタートメニューから始めます。スタートメニューの「設定」をクリックしてください。設定の画面が表示されます。

 PINはなぜ安全か

Microsoftアカウントは、OneDriveやメールなどでも使用します。そのため、他人に知られると重要な情報が漏洩する恐れがあります。一方、PINはパソコン固有の番号なので、PINが知られても他のパソコンから情報が漏洩する心配はありません。

 サインインオプションを選択する

設定の画面が表示されました。設定画面の左側にある「アカウント」をクリックしてください。右側にアカウントの項目が表示されるので、「サインインオプション」をクリックしてください。

 PINとは

サインインするときに「パスワード」の代わりに使う4桁以上の暗証番号です。

270

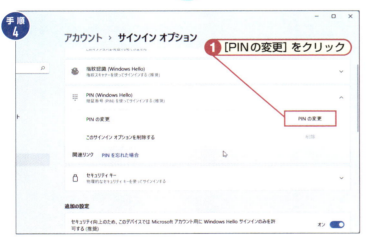

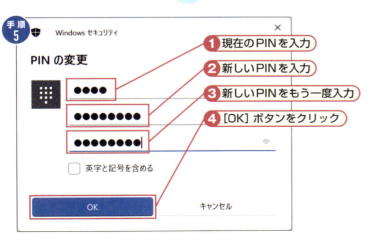

手順3 PIN（Windows Hello）を選択する

画面の右側から［PIN（Windows Hello）］を探してください。下のほうにある場合もあるので、スクロールしてください。［PIN（Windows Hello）］が見つかったらクリックしてください。

注意　パスワードでもサインインできる

PINを設定していても、パスワードでサインインすることもできます。サインインで「サインインオプション」をクリックし、表示される画面で「Microsoftアカウントのパスワード」アイコンをクリックしてください。

手順4 PINの変更を選択する

続いて［PINの変更］をクリックします。

注意　PINやパスワードをなくす

通常スリープなどからの復帰時にはPINやパスワードの入力を求められます。

手順5 新しいPINを入力

「Windowsセキュリティ」の画面が表示されます。ここでPINを変更します。
現在のPINを入力してください。その下に新しいPINを入力して、さらに新しいPINをもう一度入力してください。
［OK］ボタンをクリックすれば完了です。これで、PINは変更されました。なお、PINは●で伏せられるので、入力中の画面を他人が見ても番号は読みとれません。

SECTION

113 生体認証でサインインする

キーワード ▶ 生体認証／顔認証／指紋認証

Windows11は、身体的な特徴を識別して個人を特定する「生体認証」をソフトウェアとしてサポートしています。そのため、パソコンが生体認証用のハードウェアを装備していれば、「顔認証」や「指紋認証」を使ってサインインができます。

顔認証用に顔を登録する

手順1 顔認証を使ってみよう

パソコンが顔認証の機能を備えている場合は、スタートメニューの「設定」をクリックして「設定」画面を表示してください。「設定」画面が表示されたら［アカウント］をクリックし、画面右側の表示が切り替わったら「サインインオプション」をクリックしてください。

メモ 顔認証とは

パソコンがカメラを使って顔でユーザーを判断する機能です。

手順2 顔認証を選択する

「顔認識（Windows Hello）」の欄に「カメラを使ってサインインする（推奨）」と表示されていれば、「顔認識（Windows Hello）」をクリックしてください。

メモ 顔認証にはPINが必要

顔認証をするにはPINの設定が必要です。PINの設定についてはSECTION112を参照してください。

手順3 顔認証のセットアップをする

設定は、[セットアップ] ボタンをクリックして開始します。

 手順4 顔認証の設定を始める

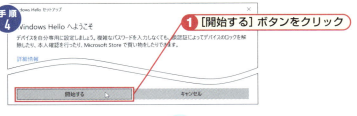

「Windows Helloセットアップ」の画面が表示されます。画面下の [開始する] ボタンをクリックしてください。

メモ 顔認証に必要な機器

顔認証には、Windows Helloに対応した「顔認証カメラ」が必要です。

 手順5 PINを入力する

顔を登録するのがユーザー本人であることを確認するため、PINの入力画面が表示されます。PINを入力してください。

 手順6 顔の登録が始まる

顔の確認が始まります。数秒間、パソコンのカメラを見続けてください。

便利技 認識精度を高める

眼鏡やマスクをかけていない顔を登録すると、眼鏡やマスクをかけているときに認証されないことがあります。
このようなときは、眼鏡やマスクをかけた顔を追加で登録してください。

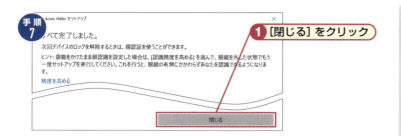

 顔の登録が終わった

顔の登録が終わると画面が切り替わります。[閉じる] ボタンをクリックしてください。これで、顔認証でのサインインが可能になりました。

指紋認証用に指紋を登録する

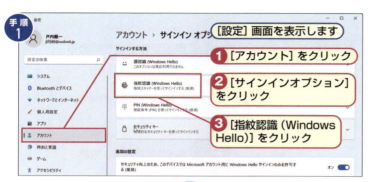

指紋認証を使ってみよう

パソコンが指紋認証の機能を備えている場合は、スタートメニューの「設定」をクリックしてください。「設定」画面が表示されたら [アカウント] をクリックし、画面右側の表示が切り替わったら「サインインオプション」をクリックしてください。「指紋認識（Windows Hello）」の欄に「指紋スキャナーを使ってサインする（推奨）」と表示されていれば、「指紋認証（Windows Hello）」をクリックしてください。

 セットアップする

設定は、[セットアップ] ボタンをクリックして開始します。

 指紋認証の設定画面が表示された

[開始する] ボタンをクリックして、指紋の登録を開始します。

 指紋認証

指紋読み取り装置に指紋を読み取らせることで個人を特定する機能です。
指紋認証を行うには、あらかじめ自分の指紋の登録が必要です。

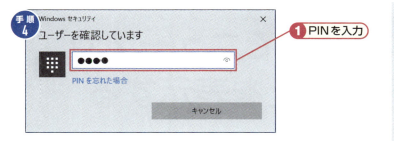

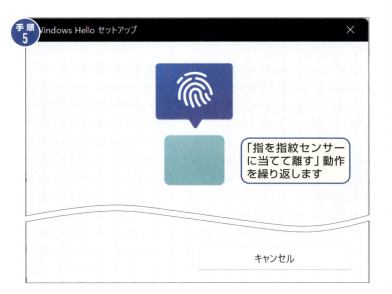

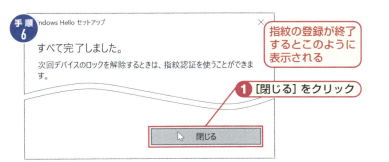

PINを入力する

指紋を登録するのがユーザー本人であることを確認するため、PINの入力画面が表示されます。PINを入力してください。

指紋認証でサインインする

ロック画面が表示されたときに、指紋センサーで指紋を読み取り、指紋が一致すればサインインが実行されます。

指紋の登録が始まる

指を指紋センサーに当てて離す動作を繰り返します。

指紋の登録を削除する

登録した指紋を削除することができます。

指紋を追加登録する

他の指紋を追加登録することができます。

指紋の登録が終わった

指紋のスキャンが完了すると画面が切り替わります。[閉じる]ボタンをクリックしてください。これで、指紋の登録が完了しました。以後は、サインインのときに指紋を指紋センサーに読ませるだけで済むようになります。

SECTION

キーワード ▶ ウィジェット／アプリ／ニュース

114 ウィジェットでニュースや天気予報などを表示する

タスクバーの[ウィジェット]ボタンでニュースや株価、天気予報、カレンダーなどの情報を表示できます。ウィジェットはアプリが持つ情報をショートカットするように画面に表示できるので、アプリを起動することなく確認できます。

ウィジェットを表示する

 ウィジェットを選択する

Windows10では搭載されなかったウィジェットが、Windows11では復活しました。ウィジェットは、タスクバーの[ウィジェット]ボタンにマウスカーソルを合わせると表示されます。

 ウィジェットが表示された

画面の左側に複数のウィジェットが表示されました。

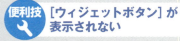 **[ウィジェットボタン]が表示されない**

タスクバーの設定で「ウィジェット」がオフになっていると、[ウィジェット]ボタンは表示されません。オンにすると、タスクバーの左端に[ウィジェット]ボタンが表示されます。

276

ウィジェットを追加する

手順1 **1** [+]をクリック

手順2 **1** [天気]をクリック **2** [ピン留めする]をクリック

手順3 天気のウィジェットが追加された

手順1 ウィジェットを追加する

ウィジェットを表示すると、ウィジェットに交じって [+]（ウィジェットを追加）ボタンが表示されています。[+] ボタンをクリックして、ウィジェットを追加してみましょう。

便利技 タスクバーの左端に株価を表示する

タスクバーの左端は、通常は天気が表示されていますが、株価のウィジェットで銘柄を選択しておくと、情報が更新されたときだけ表示が天気から株価に切り替わります。

手順2 追加したいウィジェットを選択

「ウィジェットをピン留めする」画面が表示されます。追加するウィジェットを選択し、[ピン留めする] ボタンをクリックすると、ウィジェットが追加がされます。
ここでは、例として「天気」を追加します。「天気」をクリックして選択し、[ピン留めする] ボタンをクリックして追加します。

手順3 ウィジェットが追加された

手順2で追加した「天気」のウィジェットが表示されました。
不要になったら削除してください。

便利技 ウィジェットを削除

各ウィジェットの画面右上の「…」をクリックして開くメニューから「ピン留めを外す」を選択すると、そのウィジェットを削除できます。

Windows 11の便利な機能を使ってみよう

SECTION

キーワード ▶強制終了／パフォーマンス／実行アプリ

115 タスクマネージャーを活用する

Windows11の動作が急に遅くなって思うように操作できない、あるアプリがまったく反応しない、といった状況に遭遇することがあります。そんなとき、Windows11のタスクマネージャーを使えば、アプリの強制終了やパソコンのパフォーマンスの確認ができます。

アプリを強制終了する

手順1

① タスクバーを右クリック
② [タスクマネージャー]をクリック

手順1　タスクマネージャーを起動する

タスクバーを右クリックし、表示されるメニューの「タスクマネージャー」をクリックして起動します。

手順2

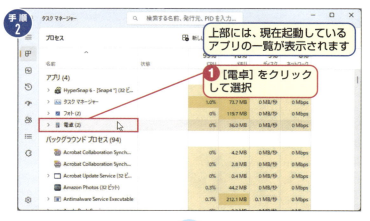

上部には、現在起動しているアプリの一覧が表示されます

① [電卓] をクリックして選択

手順2　タスクマネージャーが起動した

タスクマネージャーの画面が表示されました。画面の上部に現在起動している「アプリ」が表示され、その下にバックグラウンドプロセスが表示されています。なお、分類されないで表示される場合は、「…」→「ビュー」→「種類でグループ化する」と、手順2の画面のように表示されます。続いて、「電卓」アプリをクリックして選択してください。

ショートカットキーで起動

[Ctrl] + [Shift] + [Esc] キー

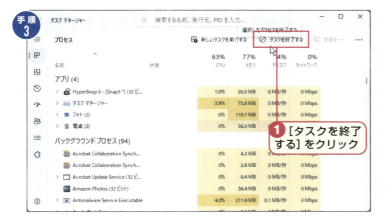

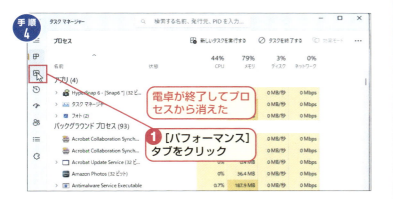

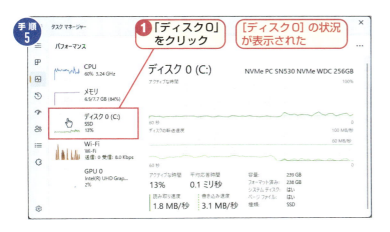

強制終了する

ここで、アプリを強制的に終了する方法を説明します。
ここでは例として選択している「電卓」を強制終了しますが、本来は強制終了するのは異常な状態のアプリだけです。
電卓を選択した状態で[タスクの終了]ボタンをクリックしてください。

電卓アプリを強制終了した

タスクマネージャーの画面から「電卓」アプリが消えました。
続いて「パフォーマンス」タブをクリックしてください。

裏技 応答しないアプリを強制終了する

理由はさまざまですが、アプリの応答が一切なくなることもあります。通常の手順では終了もできません。こんなときには、タスクマネージャーでアプリを強制終了させます。

パソコンの負荷を見る

タスクマネージャーの「パフォーマンス」タブの画面です。ここではディスク0を選択したのでディスクアクセスの状況がリアルタイムに表示されます。

メモ パフォーマンスを調べる

タスクマネージャーの「パフォーマンス」タブをクリックすると、「CPU」、「メモリ」などの使用率、使用量、速度などの情報をリアルタイムに見ることができます。

SECTION

キーワード ▶ Sモード／ビジネス／セキュリティ

116 Windows11のSモードを オフにする

一部のWindows11パソコンには「Sモード」と呼ばれる特別なモードが設定されています。Sモードでは、安全が保証された「ストア」アプリ以外のアプリはインストールができません。ビジネス用途では重要ですが、個人で使う場合は不要なので、オフにしてみましょう。

Sモードを解除してみる

手順1

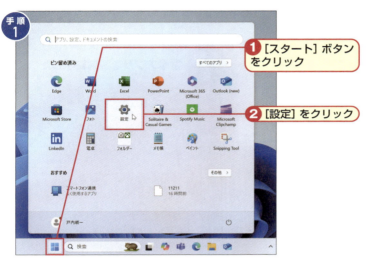

① [スタート] ボタンをクリック

② [設定] をクリック

手順1 スタートメニューから設定を選択する

「Sモード」はセキュリティを重視する企業向けパソコンに設定されることが多く、個人が使うパソコンを自己責任で管理するなら、オフにしたほうが使いやすくなります。Sモードをオフにするには、まず、スタートメニューから「設定」をクリックします。

手順2

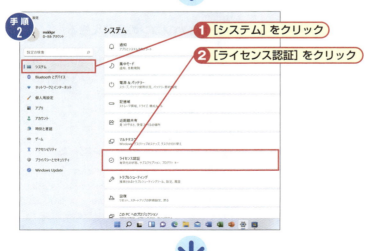

① [システム] をクリック

② [ライセンス認証] をクリック

手順2 「設定」画面から「ライセンス認証」を選択する

「設定」画面が表示されたら「システム」をクリックして、「ライセンス認証」をクリックしてください。

メモ Sモードとは

Sモードはセキュリティを強化したモードで、オンの間はストアアプリ以外をインストールできません。ストアアプリ以外をインストールするには、Sモードをオフにする必要があります。

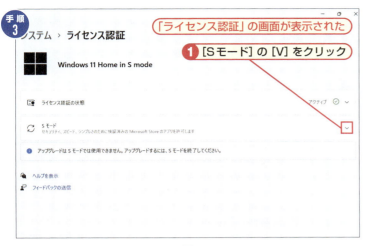

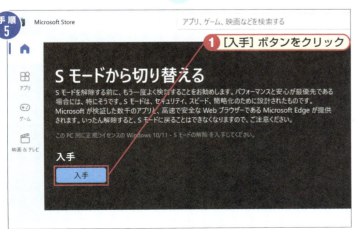

Sモードを選択する

「ライセンス認証」の画面が表示されました。「Sモード」の欄の右側に表示されている[V]をクリックして、詳細を表示してください。

 ストアアプリとは

従来のWindowsのデスクトップアプリに対して、パソコンだけでなくタブレットなどでの動作も考慮して作られたアプリ。Microsoft Storeからしか入手できないので、セキュリティを含めて安全性が高いといわれています。
Windows 8から登場しました。

 Microsoft Storeを開く

Sモードに関する説明が表示されました。表示の中の「Microsoft Storeを開く」をクリックしてください。

 Sモード有無の識別

Sモードがオンのときには、ライセンス認証画面でエディションが「Windows 11 Home in S mode」と表示されます。
Sモードがオフになると、「in S mode」が削除されて「Windows 11 Home」という表示に変わります。

 Sモードをオフにする

「Sモードから切り替える」が表示されました。[入手]をクリックしてください。これで、Sモードがオフになります。

 操作は一度だけ

Sモードをオフにする操作は、一度しかできません。いったんSモードを解除して普通のWindows11に戻すと、再びオンにすることはできないので注意してください。

Windows11の便利な機能を使ってみよう

281

SECTION

キーワード ▶ Clipchamp／動画／編集

117 Clipchampで動画を編集する

動画編集用ソフトとして「ビデオエディター」が搭載されていましたが、Windows11のバージョンが23H2、24H2になって、新たに動画編集アプリ「Clipchamp」が標準搭載されました。より多機能で使いやすい有料版もありますが、ここでは無料版を解説します。

Clipchampを起動する

手順1

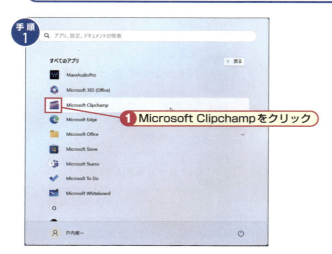

手順1 Clipchamp動画エディターを起動する

スタートメニューの「すべてのアプリ」から「Microsoft Clipchamp」を選択します。なお、Microsoft Clipchampを使うには「アカウント」が必要です。最初の起動時にアカウント登録をします。
Windows11で使っている「Microsoftアカウント」を使うことをおすすめします。

便利技 Clipchampを素早く起動する

スタートメニューの、Clipchampアイコンをクリックすれば、Clipchamp動画エディターが起動します。

手順2

手順2 新しいビデオを作成する

Clipchampが起動したら、「新しいビデオを作成」をクリックします。

便利技 Clipchampがない場合

Clipchampがない場合、Microsoft Storeから入手することができます。

 編集する動画を読み込む

動画を読み込むには、左上の［メディアのインポート］ボタンをクリックし、読み込む動画ファイルを選択します。

便利技 ドラッグ操作で動画ファイルを読み込む

動画ファイルをタイムラインにドラッグ＆ドロップする操作で、動画ファイルを読み込むこともできます。

 動画が読み込まれる

動画が読み込まれたら、動画のサムネイルが表示されるので、サムネイル右下の［＋］（タイムラインに追加）ボタンをクリックしてください。これでタイムラインに表示されます。

便利技 ドラッグ操作でタイムラインに追加する

サムネイルをタイムラインにドラッグする操作でも、タイムラインに表示することができます。

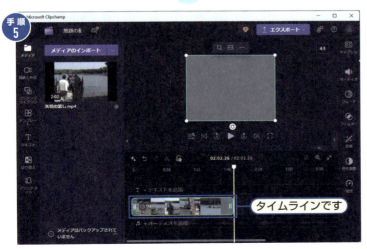

 動画がタイムラインに表示された

動画がタイムラインに表示されました。ここで、動画を編集することができます。

便利技 複数動画をタイムラインに追加できる

タイムラインには、複数の動画を追加することができます。
タイムラインに追加した動画は、ドラッグ操作で順番を変えることができます。

動画を編集する

手順1 トリミングする

動画の左端と右端に表示されているつまみをドラッグすると、左右端の不要な部分を削除することができます。

便利技 タイムラインから動画を削除する

タイムラインで動画を選択し、[削除] ボタンをクリックすると、タイムラインから動画を削除することができます。

手順2 空いた部分を詰める

空いた部分にマウスカーソルを合わせると [ごみ箱] アイコンが表示されるので、これをクリックすると空きを詰めることができます。あるいは、動画をドラッグして詰めることもできます。

便利技 編集を取り消す

[元に戻す] ボタンをクリックすると、編集を取り消して、元の状態に戻すことができます。

手順3 分割する

分割したい部分に縦線を合わせてから [スプリット] ボタンを押すと、動画を分割できます。

便利技 音楽を挿入する

左端のメニューから「コンテンツライブラリー音楽」を選択すると、音楽とサウンドエフェクトの一覧が表示されます。
[再生] ボタンを押して確認してから [+]（タイムラインに追加）をクリックすると、音楽がタイムラインのオーディオ欄に追加されます。

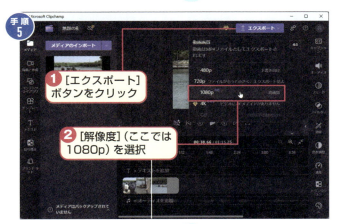

手順4　不要な部分を削除する

不要な部分を削除するには、不要な部分を分割線と分割線で囲み、その部分を選択してから、[Delete]キーを押します。

便利技　文字列を挿入する

左端のメニューから「テキスト」を選択すると、テキストの種類の一覧が表示されます。上位に表示される「テキスト」の「タイムラインに追加」をクリックすると、タイムラインの縦棒付近に文字欄が挿入されます。文字欄に縦棒を合わせると、プレビュー画面に文字列が表示され、クリックで文字列の編集ができます。

手順5　編集結果を書き出す

[エクスポート] ボタンを押すと、編集結果を出力することができます。

メモ　エクスポートされるファイル形式

ファイルは「mp4形式」でエクスポートされます。なお、解像度を高くすると表示はきれいになりますが、ファイルサイズが大きくなり、エキスポート時間も長くなります。

手順6　保存された

編集された動画がダウンロードフォルダーに保存されます。

便利技　既成の動画や静止画を利用する

左端のメニューから「コンテンツライブラリ」を選択すると、あらかじめ用意された動画や静止画や音楽をタイムラインに追加することができます。無料版と有料版があるので注意してください。

SECTION キーワード ▶スマートフォン／スマホ同期／Android

118 スマートフォンとの連携

パソコンとスマートフォンを連携させることにより、両者の間でさまざまなデータを交換できるようになります。Windows11は、スマートフォンと連携する機能を備えています。ここではAndroidスマートフォンとの連携方法を解説します。

パソコンでの処理

手順1

❶「スマートフォン連携」をクリック

手順1 スマホ連携アプリを起動する

Windows11とスマートフォンを連携させてみましょう。スマートフォンとの連携には「スマホ連携」アプリを使います。スタートメニューの「すべて」をクリックして開き、「スマートフォン連携」を探して起動してください。

手順2

❶「Android」をクリック

手順2 デバイスを選択する

AndroidスマホまたはiPhoneのどちらかを選択します。ここではAndroidを選択します。

286

手順3 QRコードが表示された

QRコードが表示されました。このQRコードは、Androidスマートフォンで読み取り（スキャン）します。スキャンが完了するまでは表示したままにします。

 リンクするアカウント

手順3の前にリンクするアカウントを聞いてくることがあります。

Androidスマホでの処理

手順1 「Windowsにリンク」アプリを起動する

「Windowsにリンク」アプリをインストールし、起動します。次の画面が表示されたら、「PCでQRコードを使用してサインイン」をタップします。

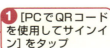
❶ [PCでQRコードを使用してサインイン] をタップ

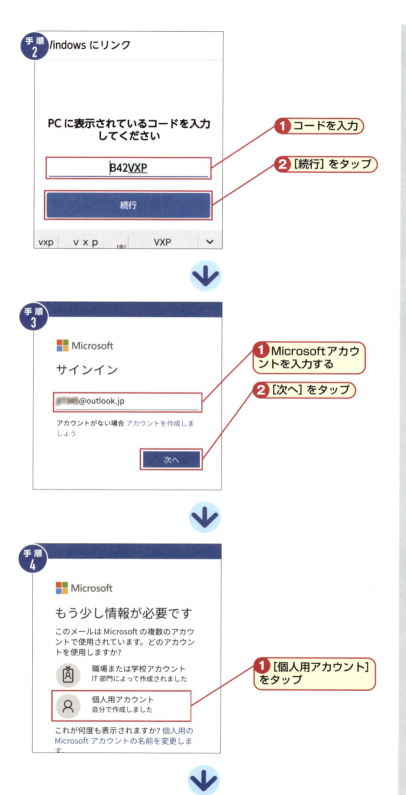

手順2 コードを入力する

スマホでパソコンに表示されているQRコード読み取ります。すると、パソコンに6桁のコードが表示されるので、そのコードを入力し、「続行」をタップします。

手順3 パソコンのMicrosoftアカウントを入力する

パソコンのMicrosoftアカウントを入力します。

手順4 個人用アカウントを選択

次の画面が出たら「個人用アカウント」を選択します。

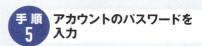

手順5 アカウントのパスワードを入力

アカウントのパスワードを入力し、サインインします。

手順6 SMSメッセージを許可する

SMSメッセージの送信と表示を許可します。

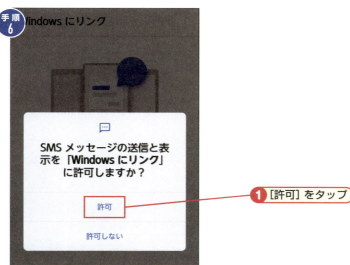

手順7 デバイス内の写真やメディアへのアクセスを許可する

デバイス内の写真やメディアへのアクセスを許可します。

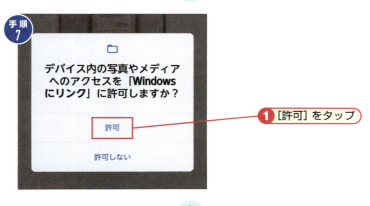

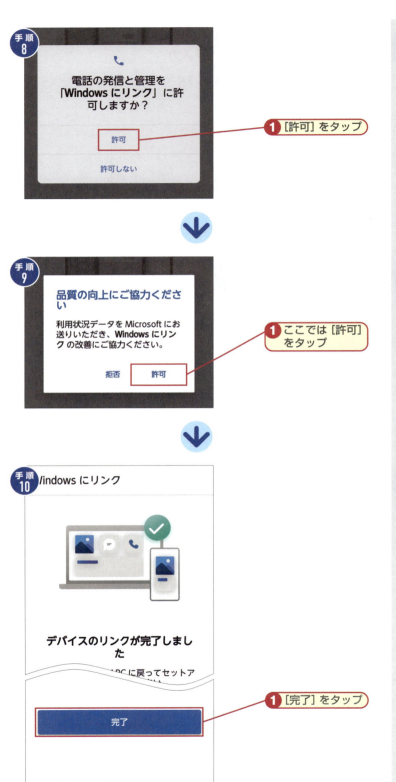

  手順 8 電話を許可する

電話の発信と管理を許可します。

  手順 9 品質の向上に協力する

利用状況データをMicrosoftに送ることを許可するか否かを選択します。

  手順 10 デバイスのリンクが完了した

デバイスのリンクが終了すると、左のように表示されますので、[完了] ボタンをクリックします。

連携を解除する（パソコンでの処理）

手順1 設定画面を表示する

パソコンで「スマートフォン連携」を起動して、画面右上の[設定]ボタンをクリックします。

メモ 連携を解除する

ここでは、先ほど設定したパソコンとスマートフォンの連携を解除する方法を解説します。

手順2 「自分のデバイス」を選択する

左のメニューから「自分のデバイス」を選択します。

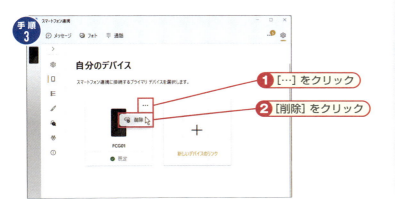

手順3 「削除」を選択する

「…」-「削除」を選択すると、連携が解除されます。

スマートフォンの写真をパソコンで表示する

手順1 スマホ連携アプリを起動する

パソコンでアプリ一覧から「スマートフォン連携」を選択します。

手順2 スマホ連携アプリが起動した

スマホ連携アプリが起動しますので、「フォト」を選択します。すると、スマホの写真一覧が表示されます。

手順3 目的の写真をクリックする

大きく表示したい写真をクリックします。

メモ スマホの写真の閲覧

スマホの写真の閲覧は、Androidスマホと連携したときのみ可能です。iPhoneと連携したときには写真の閲覧はできません。

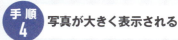

手順 4 写真が大きく表示される

手順3で選択した写真が大きく表示されます。

手順 5 次の画像が大きく表示される

手順4で[>]をクリックすると、次の画像が大きく表示されます。

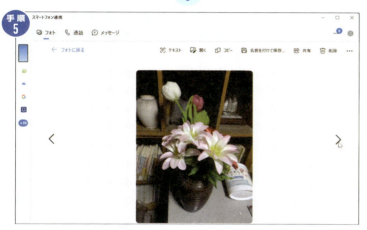

手順 6 前の画像が大きく表示される

手順4で[<]をクリックすると、前の画像が大きく表示されます。

手順 7　一覧に戻る

手順4、5、6で「フォトに戻る」をクリックすると、写真の一覧表示に戻ります。

SMSメッセージを表示する

手順 1　SMSメッセージの一覧を見る

スマホ連携アプリを起動し、「メッセージ」を選択すると、スマホのSMS機能を使ってやりとりしたメッセージの一覧が表示されます。

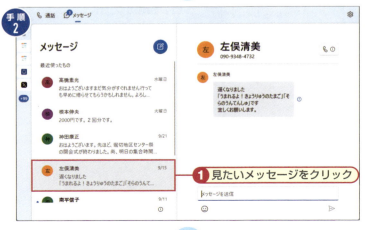

手順 2　SMSメッセージの詳細を見る

メッセージ一覧からメッセージを選択すると、右側にメッセージの詳細が表示されます。

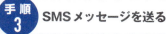

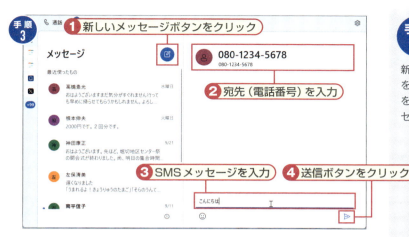

手順 3　SMSメッセージを送る

新しいメッセージボタンをクリックし、宛先を入力し、メッセージを入力し、送信ボタンをクリックすると、パソコンからSMSメッセージを送ることができます。

パソコンから電話をかける

手順 1　通話を選択する

スマートフォン連携アプリを起動し、「通話」を選択します。

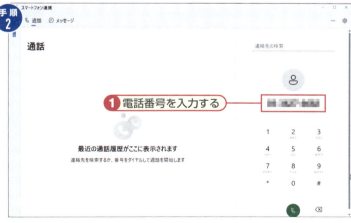

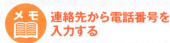

手順 2　電話番号を入力する

表示されているテンキーなどを使って電話番号を入力します。

メモ　連絡先から電話番号を入力する

電話番号が連絡先に登録されている場合、連絡先を検索して電話番号を入力することもできます。

 手順3 送信ボタンをクリックする

送信ボタンをクリックします。

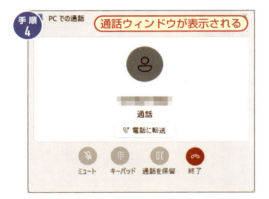

 手順4 通話を始める

ダイヤルが始まり、同時に通話ウィンドウが表示されます。相手が電話に出れば、通話を始めることができます。

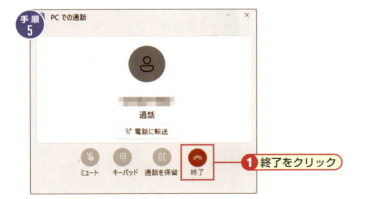

 手順5 通話を終了する

終了ボタンをクリックすると、通話を終了することができます。

 メモ 音声通話ができない場合

Bluetoothのスピーカーやマイク、ヘッドセットを利用している場合、パソコンでの音声通話を行うことができません。

 メモ パソコンで電話を受ける

スマホで着信があると、パソコンに通知バーナーが表示されます。ここで、「承諾」ボタンをクリックすると、PCでの通話画面が表示され、パソコンのマイクやスピーカーを使っての通話が始まります。

13章

チャットやビデオ会議を
使ってみよう

Windows11には、チャットやテレビ会議などをするのに
便利なTeamsが搭載され、タスクバーのアイコンをク
リックするだけで起動できます。

SECTION
キーワード ▶ ビデオ会議／チャット

119 Windows11と Microsoft Teamsの関係

「Teams」は、パソコンを使ってオンラインで「チャット」や「ビデオ会議」などのコラボレーションを行うアプリです。Windows10では「Microsoft Teams」として独立したアプリでしたが、Windows11ではTeamsの機能をWindows11自体が取り込んでいます。

TeamsがWindowsに統合された

Windows11から、Windows自体に「Microsoft Teams」の機能が統合されました。そのためWindows11さえ使えれば、インストールなどしなくても、Teamsを使って「チャット」や「音声通話」、「ビデオ会議」を行うことができます。
なお、Teamsには「個人用」と「法人用」がありますが、Windows11 home/Proに搭載されているのは個人用のTeamsです。そのため、会社などで支給されるWindowsパソコンのTeamsとは機能や画面が異なるのでご注意ください。

Teamsに必要な機器

Windows11が動くパソコンであっても、Teamsの機能を使うには以下のハードウェアが必要です。Windows11がインストールされたノートパソコンやタブレットであれば、一般的に標準で「Webカメラ」、「マイク」、「スピーカー」を備えています。一方、デスクトップパソコンの場合、Webカメラやマイクを装備しているものは少ないので、Teamsの機能を使う際は不足する機器を追加してください。

❶ Webカメラ

ビデオ会議などで自分の顔を写すために必要です。
多くのノートパソコンでは、モニター画面の上に内蔵されています。デスクトップパソコンにWebカメラを追加する場合は、USB接続でモニターの上に乗せることができるWebカメラがおすすめです。なお、Webカメラには広角レンズで広い範囲を写せる製品、プライバシー保護用シャッター付き、音声マイク内蔵などの製品は用途を考えて選びましょう。

▲USB接続でマイク内蔵の Webカメラ（株式会社バッファローのBSW300MBK）

❷ マイク

音声通話やビデオ会議で自分の声を相手に届けるために使うマイクです。
多くのノートパソコンには内蔵されています。デスクトップパソコンにマイクを追加する場合、USB接続とピンプラグ接続のタイプが選べます。マイクは小さな音も拾うので安定した台に乗っている製品が使いやすく、デスクトップの場合はUSB接続のスタンド付きマイクが便利です。

▲USB接続のスタンド型マイク（サンワサプライ株式会社のMM-MCUSB25N）

❸ スピーカー

音声通話やビデオ会議で相手の声を聴くために必要です。ほとんどのパソコンに内蔵されています。
デスクトップパソコンで、本体の設置場所などの関係で音が聞き取りにくい場合は、USB接続の外付けスピーカーがおすすめです。音楽なども聴くなら、音質を重視した製品がよいでしょう。

❹ ヘッドセット

音声通話やビデオ会議では、マイクとスピーカーが一体になった「ヘッドセット」がおすすめです。
マイクでは部屋全体の音が相手に伝わり、部屋の外の音まで拾ったりします。また、スピーカーから出る音は周囲の人にも聞こえます。それで、問題がなければよいですが、プライベートな会話や業務上の打ち合わせなどは、ヘッドセットを使えば第三者に聞かれるリスクを低減できます。ヘッドセットには、両耳タイプと片耳タイプなどヘッドホンの違いがあるほか、ノイズキャンセラー搭載、ドルビーサラウンド対応、オンラインゲーム対応といった特徴を持つ製品もあります。

▲USB接続で
ボリューム調整もできる高音質スピーカー
（株式会社バッファローのBSSP300UBK）

▲USB接続で
ノイズキャンセリングマイク搭載ヘッドセット
（株式会社バッファローのBSHSHUS310BK）

チャットとは

右図のように、複数人が文字を使ってオンラインで会話をするのが「チャット」で、コンピューターを使ったコミュニケーションとしては非常に古くからある機能です。
マイクやスピーカー、カメラなどの機器がなくても会話ができるので、Windows11以外のWindowsやスマートフォンなど、相手の機器を選ばないのも大きな特徴です。

▲チャットでは、複数の人が文字を使って同時に会話する

ビデオ（テレビ）会議とは

複数人がオンラインを使って、相手の顔を見ながら音声で会議をするのがビデオ（テレビ）会議です。
マイクやスピーカー、カメラなどの機器が必要になりますが、遠隔地の人とも円滑なコミュニケーションがとれるので、とても便利です。

▲ビデオ会議のイメージ

SECTION

キーワード ▶ チャット／Teams／設定

120 チャットを使ってみよう

「チャット」とは文字を使った会話です。インターネットなどのネットワークでつながったパソコン間で、文字を使って会話をします。1対1の会話だけでなく、3名以上の多人数でのコミュニケーションも可能です。Windows11では、タスクバーの「Microsoft Teams」アイコンから使えます。

チャットをする

手順1

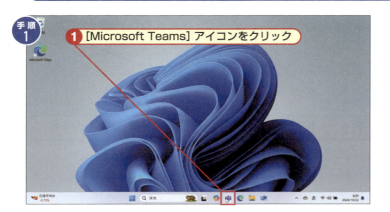

手順2

 Teamsを起動する

Windows11では、タスクバーの[Microsoft Teams]アイコンをクリックして開始できます。

 メッセージの表示位置

送信メッセージは「チャット」ウィンドウの右側に表示されます。
受信メッセージは左側に表示されます。

 Teamsが起動した

Windows11のTeamsが起動します。チャットを使うので、[新しいチャット]ボタンをクリックしてください。

 絵文字を入力する

メッセージ欄の下に表示されている[絵文字]ボタンをクリックすると、絵文字を入力することができます。

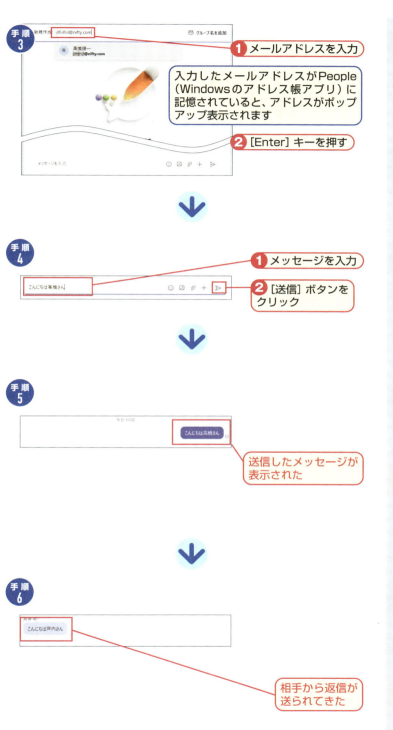

 チャット相手を選択する

チャット相手の名前やメールアドレス、電話番号を入力します。ここでは「メールアドレス」を入力します。メールアドレスを入力したら [Enter] キーを押します。

 3人以上でチャットする

[グループチャットを開始する] ボタンをクリックすると、ユーザーを追加してチャットすることができます。

 メッセージを入力する

ここでは例として「こんにちは高橋さん」と入力します。
メッセージを送信するには、[Enter] キーを押すか [送信] ボタンをクリックします。

 メッセージが送信された

「チャット」ウィンドウ内に右寄りで「こんにちは高橋さん」と表示されました。

 Teamsを起動していないとき

Teamsを起動していない状態でメッセージが送られてくると、メッセージを受信したことが「ポップアップ」メッセージで表示されます。

 メッセージを受信した

高橋さんからの返信のメッセージが、「チャット」ウィンドウ内に左寄りで「こんにちは戸内さん」と表示されました。

音声通話やビデオ通話をする

[ビデオ通話] ボタンをクリックすると、「ビデオ通話」に切り替わります。[音声通話] をクリックすると、音声通話に切り替わります。

SECTION

キーワード ▶ ビデオ会議／ビデオ／メール

121 ビデオ会議をすぐ始める

Teamsの機能を使って会議を行ってみましょう。会議は、予定を組んで行う場合と、必要に応じて行う場合があると思います。ここでは、「予定になかった会議が必要になり、参加メンバーにメールを送って会議を始める」場合の手順を説明します。

ビデオ会議を始める

 Teamsを起動する

タスクバーの［Microsoft Teams］アイコンをクリックしてください。Teams画面が表示されたら［今すぐ会議］ボタンをクリックします。

 ビデオ会議の背景をぼかす

「背景フィルター」をクリックすると、自分以外の背景を「ぼかす」ことができます。プライベートな情報を隠せます。

 ビデオ会議の開始画面が開く

［リンクを取得］ボタンをクリックします。

 カメラをオフにする

Webカメラをオフにすると、こちらの映像が表示されなくなります。

 マイクをオフにする

マイクをオフにすると、こちらの音声が聞こえなくなります。

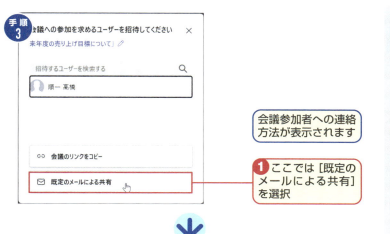

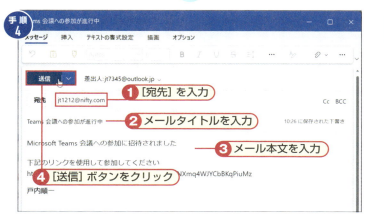

 会議参加者を招待する方法を選択する

会議参加者への連絡方法が示されました。メールで相手を招待するので、ここでは「既定のメールによる共有」を選択します。

会議のリンクのコピー

手順3で「会議のリンクをコピー」をクリックすると、リンクがクリップボードにコピーされるので、既定以外のメールで送ることもできます。

 既定のメールソフトが起動した

自動的に既定メールソフトが起動します。ここでは「Outlook」アプリが起動しています。[宛先] のメールアドレスやタイトル、本文を入力して [送信] ボタンをクリックします。

3人以上と会議をする

3人以上で会議をする場合は、セミコロンで区切って複数のメールアドレスを指定できます。

招待メールを受けた相手側の操作

 会議への招待メールを受け取った

このメールは送信側が「既定のメールによる共有」で作成して送信したメールです。ここでは、メールを受け取った相手側の操作を説明します。
メールを開いて内容を確認したら、リンク部分をクリックします。

手順1でクリックしたリンク先のページが表示された

会議への参加方法は「ブラウザー」か「Teams」から選べます

❶ [開く] をクリック

会議画面が表示されます

❶ [今すぐ参加] ボタンをクリック

 手順 2　会議への参加方法を選択する

メールで送られてきたリンクから、リンク先のページが表示されました。
外出先でスマートフォンを使ってメールを見た場合など、急ぎの会議ならスマートフォンのWebブラウザーで会議に参加することもできます。
ここでは、パソコンでメールを開いたので「開く」をクリックしてTeamsで会議を行います。

 手順 3　ビデオ会議の画面が表示される

Teamsが起動し、ビデオ会議画面が表示されました。会議に参加するので [今すぐ参加] ボタンをクリックします。

 便利技　ブラウザーで会議に参加する

TeamsアプリがなくてもEdgeなどのブラウザーで会議に参加できます。

会議を開くホストの操作

❶ [参加許可] をクリック

 手順 1　待機中のメッセージが表示される

ここから、会議への招待メールを出した側の操作に戻ります。
招待メールの送信後、相手が [今すぐ参加] ボタンをクリックしたので、Teamsの画面に参加待機中のダイアログボックスが表示されました。
ここで、[参加許可] ボタンをクリックしてください。

 メモ　ホストとは

会議のホストは参加者を招待し、議題を設定し、議論の進行をサポートします。

手順 2　会議が始まる（自分の画面）

ビデオ会議が始まりました。
ビデオ会議では、参加者の数によって表示スタイルが変わります。1対1の会議では、会議画面の中央に相手が大きく表示されます。また、自分自身の映像は画面右下に小さく表示されます。
自宅などから会議に参加する場合は、室内が見えないように自分以外をぼかす、背景をクロマキー処理で別の背景に差し替える、といった方法でプライバシーを守ることもできます。

手順 3　会議が始まる（相手の画面）

こちらは、ビデオ会議をしている相手側の画面です。表示が自分の画面とは逆になります。
ここでは、ノートパソコンのマイクやWebカメラで会議を行っています。
なお、会議に招待された側は、画面右上の［退出］ボタンで会議から退出することはできますが、会議を終了することはできません。

 会議を終了する

ビデオ会議を終了するには、会議を開催したユーザーの画面で、［退出］ボタン右端の［V］をクリックし、表示されるメニューから「会議を終了」をクリックします。

▲会議を開催したユーザーだけが終了できる

13 チャットやビデオ会議を使ってみよう

305

SECTION

キーワード ▶ 会議／カレンダー／予定表

122 予定を立ててから会議を始める

前のSECTIONでは、予定外の会議が必要となり、メールを使って会議を始める方法を説明しました。しかし、通常の会議は毎週や毎月など定期的に予定を決めて行うのが一般的です。そこでここでは、会議の予定を立ててからビデオ会議を行う方法を説明します。

会議の予定を立てる

手順1

❶ タスクバーの [Microsoft Teams] アイコンをクリック

Microsoft Teamsが起動します

手順2

❶ [カレンダー] をクリック

「Teams」画面が予定表のカレンダーに変わります

 Teamsを起動する

タスクバーの [Microsoft Teams] アイコンをクリックしてください。チャットの画面が表示されたら、[Microsoft Teamsを開く] をクリックしてください。

注意 簡易版のTeams

Windows11に搭載されているTeamsは、Microsoft 365として提供されているビジネス向けのTeamsとは異なります。

 Teams本体が開く

Teamsの画面が表示されました。画面左側の「カレンダー」をクリックして、表示を予定表のカレンダーに切り替えます。

 カレンダーをクリックする

「新しい会議」をクリックする代わりにカレンダー内をクリックして会議の日時を指定することも可能です。

新しい会議を作成する

Teamsの予定表が表示されました。
それでは、会議の予定を入力していきましょう。最初に、画面左上に表示されている［新しい会議］ボタンをクリックしてください。画面が切り替わります。

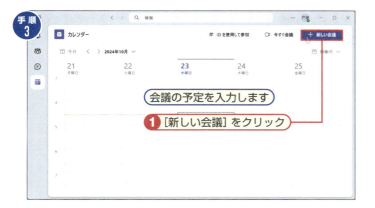

会議の詳細を入力する

会議の詳細情報を入力する画面に切り替わりました。
ここでは、最初に「会議のタイトル」を入力してください。会議の内容が具体的にわかる名称を入力します。
続いて「会議の開始日時」と「会議の終了日時」を入力します。
開始日時と終了日時の入力を誤ると、会議が開けないので注意しましょう。
「会議の詳細」を入力してから入力内容を確認し、問題がなければ［保存］ボタンをクリックします。

会議が作成された

Teamsの予定表に会議が登録され、「会議が作成されました」というメッセージが表示されます。
ここで、［コピー］をクリックしましょう。

「コピー」後の処理

「コピー」をクリックすると、会議室へのリンクが「クリップボード」にコピーされます。「クリップボード」に保存されている「コピー」を、メールに貼り付けて会議の参加者全員に送ります。参加者は、メールで届いた「リンク」をクリックして会議に参加できます。

ローマ字入力かな対応表

　Microsoft IMEのローマ字入力するときに便利な、変換対応表です。「ヴァ」や「ぴぇ」など、入力するキーの組み合わせがわからないときに参照してください。

●五十音

あ	い	う	え	お
A	I、YI	U、WU、WHU	E	O
か	**き**	**く**	**け**	**こ**
KA、CA	KI	KU、CU、QU	KE	KO、CO
さ	**し**	**す**	**せ**	**そ**
SA	SI、CI、SHI	SU	SE、CE	SO
た	**ち**	**つ**	**て**	**と**
TA	TI、CHI	TU、TSU	TE	TO
な	**に**	**ぬ**	**ね**	**の**
NA	NI	NU	NE	NO
は	**ひ**	**ふ**	**へ**	**ほ**
HA	HI	HU、FU	HE	HO
ま	**み**	**む**	**め**	**も**
MA	MI	MU	ME	MO
や		**ゆ**		**よ**
YA		YU		YO
ら	**り**	**る**	**れ**	**ろ**
RA	RI	RU	RE	RO
わ		**を**	**ー**	**ん**
WA		WO	※1	NN、XN

●濁音と半濁音

が	ぎ	ぐ	げ	ご
GA	GI	GU	GE	GO
ざ	**じ**	**ず**	**ぜ**	**ぞ**
ZA	ZI、JI	ZU	ZE	ZO
だ	**ぢ**	**づ**	**で**	**ど**
DA	DI	DU	DE	DO
ば	**び**	**ぶ**	**べ**	**ぼ**
BA	BI	BU	BE	BO
ぱ	**ぴ**	**ぷ**	**ぺ**	**ぽ**
PA	PI	PU	PE	PO

あ	い	う	え	お
XA、LA	XI、LI、LYI、XYI	XU、LU	XE、LE、LYE、XYE	XO、LO
や		ゆ		よ
XYA、LYA		XYU、LYU		XYO、LYO
		つ		
		XTU、LTU		

うぁ	うぃ		うぇ	うぉ
WHA	WHI		WHE	WHO
ヴぁ	ヴぃ	ヴ	ヴぇ	ヴぉ ※2
VA	VI	VU	VE	VO
きゃ	きぃ	きゅ	きぇ	きょ
KYA	KYI	KYU	KYE	KYO
ぎゃ	ぎぃ	ぎゅ	ぎぇ	ぎょ
GYA	GYI	GYU	GYE	GYO
しゃ	しぃ	しゅ	しぇ	しょ
SYA、SHA	SYI	SYU、SHU	SYE、SHE	SYO、SHO
じゃ	じぃ	じゅ	じぇ	じょ
ZYA、JYA、JA	ZYI、JYI	ZYU、JYU、JU	ZYE、JYE、JE	ZYO、JO、JYO
ちゃ	ちぃ	ちゅ	ちぇ	ちょ
TYA、CHA、CYA	TYI、CYI	TYU、CHU、CYU	TYE、CHE、CYE	TYO、CHO、CYO
ぢゃ	ぢぃ	ぢゅ	ぢぇ	ぢょ
DYA	DYI	DYU	DYE	DYO
つぁ	つぃ		つぇ	つぉ
TSA	TSI		TSE	TSO
てゃ	てぃ	てゅ	てぇ	てょ
THA	THI	THU	THE	THO
でゃ	でぃ	でゅ	でぇ	でょ
DHA	DHI	DHU	DHE	DHO
にゃ	にぃ	にゅ	にぇ	にょ
NYA	NYI	NYU	NYE	NYO
ひゃ	ひぃ	ひゅ	ひぇ	ひょ
HYA	HYI	HYU	HYE	HYO
びゃ	びぃ	びゅ	びぇ	びょ
BYA	BYI	BYU	BYE	BYO
ぴゃ	ぴぃ	ぴゅ	ぴぇ	ぴょ
PYA	PYI	PYU	PYE	PYO
ふぁ	ふぃ	ふゅ	ふぇ	ふぉ
FWA、FA	FWI、FI、FYI	FWU、FYU	FWE、FE、FYE	FWO、FO
みゃ	みぃ	みゅ	みぇ	みょ
MYA	MYI	MYU	MYE	MYO
りゃ	りぃ	りゅ	りぇ	りょ
RYA	RYI	RYU	RYE	RYO

※1：音引き（ー）はキーボードの ［ほ］ キーから入力します。　※2：「ヴ」のひらがなはありません。

309

手順項目索引

本書で解説している手順項目一覧を用意しました。
目次には掲載していないコラムエリアの解説も網羅しています。

●英数字

AIチャットのCopilotが手助けをしてくれる …… 30

Androidスマホでの処理 ……………………… 287

CATV接続 …………………………………… 151

Clipchampを起動する ……………………… 282

Copilot in Windowsを起動する …………… 104

Copilotの起動 ………………………………… 103

Copilotの終了 ………………………………… 103

Edgeが保存している履歴を使って前に閲覧した

　　Webページに戻る ……………………… 162

Edgeの画面でPDFを閲覧する ……………… 184

Edgeを終了する ……………………………… 153

Edge画面の各部の名称と機能 ……………… 154

Edge起動時に表示されるスタートを自分の

　　好きなページに変更する ……………… 176

FTTH（光ファイバー）接続とは ……………… 150

GoogleでWebページを検索する …………… 170

IMEを有効にする ……………………………… 90

iTunesを使ってみる …………………………… 234

Microsoftアカウントを使うと便利なこと ……… 32

OneDriveとPCの同期を解除する …………… 250

OneDrive内のファイルを削除する …………… 255

OneDriveのファイルを復元する ……………… 255

OneDriveは無料でも使える …………………… 249

OneDriveを使ってみよう ……………………… 248

Outlookを起動する …………………………… 188

PDFファイルを編集してハイライトを付ける … 185

PINを変更する ………………………………… 270

Sモードを解除してみる ……………………… 280

SMSメッセージを表示する …………………… 294

TeamsがWindowsに統合された …………… 298

Teamsに必要な機器 ………………………… 298

URLを入力してWebページを表示する ……… 156

Webページのリンクをたどって進む ………… 160

Webページの内容をプリンターで印刷する …… 174

Webページの文字を大きく（小さく）してみる … 172

Webページをグループ分けする ……………… 186

Webページを閲覧する ……………………… 148

Webページを戻る／進む …………………… 161

Webページ内のテキストを検索する ………… 178

Windows 11のシステム要件 ………………… 33

Windows 11を起動する ……………………… 42

Windows Media Player Legacyを起動する …… 220

Windows11のシステムを復元する ………… 208

Windows11の付箋を使ってみよう ………… 264

YOASOBIの新曲について聞く ……………… 106

ZIPファイルの内容を確認する ……………… 138

3つのウインドウを整列する ………………… 82

●あ行

アカウントを聞いてきたら ……………………… 31

アクティブ時間を変更する …………………… 218

新しいフォルダーを作ってみる ……………… 120

圧縮ファイルを展開してみよう ……………… 138

アドレスバーを使って移動する ……………… 119

アプリのショートカットをデスクトップに作る … 62

アプリのピン留めを外す ……………………… 61

アプリをタスクバーにピン留めする ………… 86

アプリを強制終了する ………………………… 278

アプリを別のデスクトップに移動する ………… 269

今すぐWindows11を最新版にする …………… 216

インターネットでできること ………………… 148

インターネットとの接続 ……………………… 150

ウィジェットを追加する ……………………… 281

ウィジェットを表示する ……………………… 276

ウイルスやスパイウェアを検出する ………… 206

エクスプローラーの使い方 …………………… 112

エクスプローラー画面の見方 ………………… 113

お気に入りの一覧を表示する ………………… 166

お気に入りバーに追加する …………………… 165

音楽データをパソコンに取り込む …………… 224

音楽ライブラリを再生する …………………… 226

音楽をハードディスクからCDにコピーする … 228

音楽をポータブルデバイスに転送する ………… 230

音楽CDを再生する …………………………… 222

オンライン表示を使う ………………………… 258

●か行

会議の予定を立てる …………………………… 306

会議を終了する ………………………………… 305

会議を開くホストの操作 ……………………… 304

顔認証用に顔を登録する ……………………… 272

楽曲をメディアプレーヤーアプリで再生する … 232

拡張機能を追加する …………………………… 180

画像で検索できる（Copilot） ………………… 102

画像を生成できる ……………………………… 102

カタカナや英字を入力する …………………… 94

画面に表示されるデスクトップを切り替える … 267

画面をスクロールして隠れた部分を見る ……… 157

既定の保存場所を変える ……………………… 146

クローム（Chrome）用拡張機能をインストールする

……………………………………………………… 182

クリップボードから貼り付ける ……………… 261

クリップボードにコピーする ………………… 260

検索エンジンをGoogleに変更する ………… 168

コントロールパネルを起動する ……………… 98

コントロールパネルを検索する ……………… 135

●さ行

仕事用とは別の仮想デスクトップを作る ……… 266

指紋認証用に指紋を登録する ………………… 274

自分用の回復ドライブを作る ………………… 214

写真の明るさを補正する ……………………… 242

写真を印刷する ………………………………… 244

写真を大きく表示する ………………………… 238

写真を削除する ………………………………… 240

シャットダウンを選んで終了する	44
重要なファイルをバックアップする	210
受信側の処理	257
受信トレイのみ検索する	199
使用頻度の低いアイコンをオフにする	70
招待メールを受けた相手側の操作	303
ショートカットアイコンを削除する	63
署名を登録する	196
少し長い文を入力する	92
スタートページを好きなページに変更する	176
スタートボタンからはじまる	54
スタートメニューからアプリを起動する	74
スタートメニューの画面	56
ストアアプリを購入する	72
すべてのアプリを表示する	58
すべての削除ファイルを元の場所に戻す	127
スマートフォンの写真をパソコンで表示する	292
設定画面を使ってみよう	100
セットアップ作業を行う	36
全フォルダーを検索する	198
送信側の処理	256
空飛ぶ猫を描く	108

●た行

タスクバーからアプリを起動する	77
タスクバーからピン留めを外す	87
タスクバーのアイコンを左揃えにする	68
タブでWeb画面の表示を切り替える	159
タブを削除する	133

チェックボックスを表示して選択する	123
チャットとは	299
チャットをする	300
使わないデスクトップを削除する	268
ディスプレイの解像度を変更する	48
デスクトップアプリをアンインストールする	80
デスクトップアプリを終了する	75
デスクトップ画面	46
デスクトップの背景を変更する	50
動画を編集する	284
とても便利なライブラリを活用する	136
ドラッグでコピーや移動をする	129

●な行

日本語などの自然言語による情報検索ができる	102
日本語を入力する	91
ニュースをファイルとして保存する	96

●は行

パソコンから電話をかける	295
パソコンでの処理	286
パソコン画面のスクリーンショットを撮る	262
パソコンのファイルやフォルダーを見る	114
バックアップからファイルを復元する	211
ピクチャライブラリに自分用のフォルダーを追加する	140
ビデオ（テレビ）会議とは	299
ビデオ会議を始める	302

ビデオを再生する	246		返信メールを送信する	192
一目でファイルの内容がわかる表示にする	117		方向ボタンを使って移動する	118
標準ブラウザーのEdgeを使ってみる	152		ポータブルデバイスに音楽を転送する	230
頻繁に使うアプリをピン留めする	60			
ファイアウォールの設定をする	204			

●ま行

間違って削除したファイルを元の場所に戻す	126
メールアカウントを追加する	200
メールに署名を挿入する	197
メールの送受信とは	149
メールを削除する	202
メールを送信する	190
メディアプレーヤーを起動する	76
メモ帳に音声で文字を入力する	88
目的のお気に入りページを表示する	167
モバイルを使った接続	151

ファイルオンデマンド機能を使う	252
ファイルの拡張子を表示する	116
ファイルの状態を示す3種類のマークを覚えよう	253
ファイル名を変更する	130
ファイルをアップロードする	254
ファイルを移動する	128
ファイルを完全に削除する	125
ファイルを削除する	124
ファイルを添付してメールを送信する	194
ファイルを1つに圧縮する	142
ファンクションキーでカタカナや英字に変換する	95
フォトアプリを起動する	236
フォトアプリを終了する	237
フォルダー内を検索する	134
フォルダーの名前を変更する	67
フォルダーを作成する	66
フォルダーをピン留めする	64
複数のWebページを開く	158
複数のエクスプローラーを表示する	132
複数のファイルを個別に選択する	122
複数のファイルを1つに圧縮する	142
不要なストアアプリをパソコンから消す	78

●や・ら行

ユーザーアカウント制御のレベルを変更する	212
よく訪れるページを「お気に入り」に登録する	164
ライブラリの内容を表示する	138
ライブラリを表示する	137
履歴を使って前に閲覧したページに戻る	162
レイアウトバーで3つのウインドウを整列させる	84
連携を解除する	291
連続した複数のファイルを一気に選択する	123

索引

●英数字

BCC欄 191
Bing 168
CATV接続 151
CC欄 191
ChromeOS 28
Clipchamp 282
Copilot in Windows 30、102
Edge 152、154
FTTH（光ファイバー）接続 150
Google 169
IME 90
iPhoneユーザー 234
iTunes 234
macOS 28
Microsoft 365 32
Microsoft Store 72
Microsoft Teams 298
Microsoftアカウント 31、39
OneDrive 32、41、248、249
OneDriveのアドレス 258
OS 28
Outlook 188
PDF 184
PDFファイル 174

PIN 40、270
Skype 31
Snipping Tool 262
Sモード 72、280
TA（回線終端装置） 151
UAC 212
URL 148、156
Webブラウザー 32
Webページ 148、156、158、174
Webメール 188
Wi-Fiルーター 151
Windows 11 29、34
Windows IME 23
Windows Media Player Leggacy 220
Windows Media Player Leggacyのメニューバー 221
Windows Update 216
Windows画面 46
ZIPファイル 143、144

●あ行

アーカイブ 142
アクティブ時間 218
新しいトピック 107
圧縮 142

圧縮コマンド	142
圧縮ファイル	142
アップロード（ファイル）	254
アドレスバー	119
アプリ	28
アンインストール	78、80
移動（ファイル）	128
印刷	174、244
インストール	73
インターネット	148、150、152、156
ウィジェット	276
ウイルス	206
ウィンドウ	24
ウィンドウの最大化表示	25
ウィンドウの枠	25
上書き保存	96
英字	95
エクスプローラー	112
お気に入り	164、166
お気に入り一覧	167
お気に入りバー	165
オペレーティングシステム	28
音楽CD	222
音楽CD（の）再生	222
音楽CDの作成	228
音楽CDの取り込み	224
音楽ライブラリ	226

音楽を再生	232
音声入力	88、105
オンラインで表示（OneDrive）	258

●か行

回線事業者	151
解像度	48
解凍	144
回復ドライブ	214
会話スタイル	104
顔認証	272
隠しファイル	122
拡大表示	173
拡大表示（写真）	239
拡張機能（Edge用）	181
拡張機能（クローム用）	181
拡張子	97、116
画像で検索	102
仮想デスクトップ	266
画像を生成	102
カタカナ	94
かな入力	94
キーボード	23
キーボードレイアウト	37
起動	42
キャプチャー（スクリーンショット）	262
クラウドサービス	32、248

クリック	21	指紋認証	274
グループ分け	186	写真を削除	240
クローム（Chrome）	182	写真を編集	242
クローム用拡張機能	182	終了	44
ケーブルモデム	151	縮小表示	173
検索（Edge）	168	ショートカット	62
検索（Webページ）	170、178	署名	196
検索（コントロールパネル）	135	スクロールバー	25
検索（フォルダー）	134	スタートページ	176
検索（メール）	198	スタートボタン	54
検索エンジン	168	スタートメニュー	54、56、66
検索対象	135	スティック	20
個人用設定	51	ストアアプリ	72
コピー＆ペースト	260	スナップレイアウト	82、84
ごみ箱	125	スパイウェア	206
コレクション	186	すべてのアプリ	24、58
コンテキストメニュー	48	スマートフォン	286
コントロールパネル	98	スライドショー	239
		生体認証	272
		セキュリティキー	38

●さ行

最小化	25
最大化	25
サインイン	270
削除（ファイル）	124
削除（フォルダー）	124
システムの復元	208
システム要件	33

セットアップ	36

●た行

ダークモード	105
タイトルバー	25
タスクバー	24、68
タスクマネージャー	278

タップ …………………………… 22	
タブ ………………………… 132、158	
ダブルクリック ………………… 21	
ダブルタップ …………………… 22	
チャット ………………… 298、300	
通知領域 ………………………… 24	
ディスプレイ …………………… 48	
デスクトップ …………………24、50	
デスクトップアプリ …………… 80	
デスクトップ画面 ……………… 46	
電源 ……………………………… 24	
転送（楽曲）…………………… 230	
添付ファイル ………………… 194	
動画編集 ……………………… 282	
同期解除 ……………………… 250	
ドキュメントライブラリ ……… 138	
閉じる …………………………… 25	
ドラッグ ………………………… 21	
ドラッグ＆ドロップ …………… 21	
トラックパッド ………………… 20	
トリミング ……………… 243、263	

●な行

名前の変更ボタン …………… 130
日本語 …………………………… 90
ネットサーフィン ……………… 160

●は行

背景 ……………………………… 50
ハッカー ……………………… 205
バックアップ ………………… 210
パフォーマンスを調べる ……… 279
ピクチャライブラリ ……… 139、140
ビデオ会議 …………… 302、306
ビデオの再生 ………………… 246
ビデオライブラリ …………… 139
ピン留め ………………60、64、86
ピン留め済みアプリ …………… 24
ファイアウォール …………… 204
ファイルオンデマンド ……… 252
ファイル共有（OneDrive）…… 256
ファイルの復元（OneDrive）… 241
ファイルを削除 ……………… 255
ファンクションキー …………… 95
フィルター …………………… 242
フォトアプリ ………………… 236
フォルダー ………………64、66
復元ポイント ………………… 209
複数のウィンドウの切り替え …… 25
付箋 …………………………… 264
フリック ………………………… 22
プリンター …………………… 244
フルスキャン ………………… 207
プレイリスト ………………… 232

プレス＆ホールド ……………………… 22

プロバイダー …………………………… 151

プロンプト ……………………………… 105

変更（ファイル名）……………………… 130

返信メール ……………………………… 192

ポイント ………………………………… 21

ポータブルデバイス …………………… 230

ホームルーター ………………………… 151

保存 ……………………………………… 96

保存場所 ………………………………… 146

●ま行

マウス …………………………… 20、44

マウスカーソル ………………………… 20

右クリック ……………………………… 21

ミュージックライブラリ ……………… 139

無線LAN ………………………………… 38

メール …………………………… 149、190

メールアカウント ……………………… 200

メールを削除 …………………………… 202

メディアプレーヤー …………………… 76

メモ帳 …………………………… 88、96

文字の拡大・縮小 ……………………… 172

元に戻す ………………………………… 126

モバイル（を使った）接続 …………… 151

●や・ら行

夜間モード ……………………………… 49

ユーザーアカウント制御 ……………… 212

ライトモード …………………………… 105

ライブラリ ……………………… 136、138

履歴 ……………………………………… 162

リンク …………………………… 110、160

ルーター ………………………………… 151

連携（Android）………………………… 286

連携を解除 ……………………………… 291

ローカルアカウント …………………… 32

ローマ字入力 …………………………… 94

ローマ字入力かな対応表 ……………… 308

推奨PC・スマートフォン

　Windows11の最新バージョン24H2を使用するにあたって、「Windows11のシステム要件」（P.33）を満たすPCであれば動作はしますが、本ページでは快適に利用できるPCをご紹介します。

　また、「スマートフォンとの連携」（P.286）で実際に使用したAndroidスマートフォンもご紹介します。

● 推奨PC

● Surface Pro（第11世代）

　165度スムーズに開閉する定番のキックスタンドで、あらゆる角度に柔軟に調整できます。Surface Proフレックスキーボードは、初の装着した状態でも取り外した状態でも使用できる2in1キーボードです。さらにSurfaceスリムペンを活用することで、あなたのアイディアをAIがサポートします。

● Surface Laptop（第7世代）

　2つのサイズから選べる鮮やかな PixelSense Flow™ ディスプレイは、スムーズで素早い操作を可能にします。さらに、Surface Laptop は、市場で最もインクルーシブなタッチパッドとともに、正確で迅速なタイピングのための最適なキーボードを備えています。新色を含む4色の本体カラーで、あなただけのお気に入りを見つけることができます。

● 推奨スマートフォン

● Xperia 10 VI

　2日間使える大容量バッテリーを搭載しながらも、片手でも操作しやすい軽量ボディを実現しています。また、高強度なディスプレイを搭載することで、長く愛用できる丈夫さも備えます。連続動画再生時間は、チップセット性能の進化とバッテリー駆動の最適化により、従来機種から約10％向上しています。さらに、撮影データを手軽に編集し、約1分で動画を作成できる「Video Creator（ビデオクリエイター）」を新たに搭載しています。

■著者
戸内 順一（とうち じゅんいち）
東京理科大学理工学研究科修士課程を修了。現在、フリーのテクニカルライター。「はじめてのWindows10基本編」シリーズなど著書多数。趣味はマジックで、ボランティアにも励んでいる。

■イラスト
株式会社マジックピクチャー

■写真（iStock）
Kiwis
Liubomyr Vorona

■機材協力
株式会社マウスコンピューター
ソニーマーケティング株式会社
日本マイクロソフト株式会社

はじめてのWindows11 [第4版]
2025年24H2対応

発行日	2025年 1月 3日	第1版第1刷
	2025年 3月12日	第1版第2刷

著者　戸内　順一

発行者　斉藤　和邦
発行所　株式会社　秀和システム
〒135-0016
東京都江東区東陽2-4-2　新宮ビル2F
Tel 03-6264-3105（販売）Fax 03-6264-3094
印刷所　三松堂印刷株式会社　　　　Printed in Japan

ISBN978-4-7980-7401-6 C3055

定価はカバーに表示してあります。
乱丁本・落丁本はお取りかえいたします。
本書に関するご質問については、ご質問の内容と住所、氏名、電話番号を明記のうえ、当社編集部宛FAXまたは書面にてお送りください。お電話によるご質問は受け付けておりませんのであらかじめご了承ください。